방열소재 시장 동향 보고서

(주) BP 기술거래

목　　차

Ⅰ. 서 론

현대 전자기기와 산업 시스템에서는 소형화와 고출력화로 인해 열 관리의 중요성이 그 어느 때보다 커졌다. 스마트폰, 전기자동차, 고성능 컴퓨터, LED 조명 등 다양한 분야에서 부품이 발열하며, 이를 효과적으로 식히지 않으면 성능 저하나 수명 단축이 발생한다. 특히 5G 통신과 인공지능 연산의 확대, 전기차 보급 가속화 등은 열 발생량을 크게 늘리고 있다. 이처럼 효율적인 방열은 제품의 안정성과 신뢰성을 좌우하는 핵심 요소가 되었다.

발열 문제를 해결하기 위해 방열소재에 대한 관심과 수요가 급증하고 있다. 방열소재란 말 그대로 열을 잘 전달하고 분산시켜주는 재료를 의미한다. 전통적으로 구리나 알루미늄과 같은 금속이 방열에 널리 쓰였으나, 최근에는 중량 감소와 전기적 절연, 형상 자유도 등을 고려하여 복합재료 기반의 방열소재 개발이 활발하다. 실제로 세계 방열소재 시장은 2020년대에 들어 연평균 약 8% 이상의 성장세를 보이고 있으며, 2024년 현재 수십억 달러 규모의 글로벌 시장으로 확대되었다. 전기차 배터리와 첨단 전자기기의 열 관리 수요가 이러한 시장 성장을 견인하고 있다.

최근 국내외적으로 5G 통신과 전기차 및 자율주행차 등 4차 산업 시대가 본격적으로 개화되기 시작하면서 전자파 차폐 및 흡수(소재)와 방열(소재)이 더욱 중요해지고 관련 업계의 주요 관심사로 떠오르고 있다.

자동차와 전자 분야 등에서 사용되는 전자기기는 소형화, 경량화, 다기능화, 고집적화 등 여러 방면에서 진화를 거듭하고 있다. 이러한 전자소자의 집적도가 높아질수록 내부에서의 열이 더욱 많이 발생하게 되는데, 소재에서 방출되는 방출 열은 소자의 기능을 저하시키고, 소자 주변에서 오작동을 일으키거나, 전자 소재의 열화를 일으키는 등 다양한 문제를 일으킬 수 있다. 따라서 전자소자의 방출 열을 제어하는 기술에 대해 많은 연구가 이루어지고 있으며, 방열 소재의 시장도 꾸준한 상승세를 보이고 있다.

또한 웨어러블 기기가 대두됨에 따라 유연하고, 더 나아가 연성이 있는 방열 소재가 각광을 받고 있다. 최근 보고가 되는 첨단 방열 소재는 높은 열전도율뿐만 아니라, 가벼운 무게, 유연성, 저비용 재료의 사용 등 다양한 강점이 있다. 특히 고분자 복합재료(polymer composite materials)는 유연하고 가벼운 고분자의 특성과 뛰어난 열전도율을 가지는 필러를 사용하여 두 장점을 모두 살릴 수 있다.

본서에서는 방열소재의 정의와 동작 원리를 살펴보고, 고분자/금속 복합재, 세라믹 복합재, 탄소 복합재 등 방열소재의 주요 종류를 정리하고자 한다. 아울러 자동차, LED 패키징, 전자패키징 세 분야에서 방열소재의 활용 사례와 최신 기술 및 시장 동향을 분석할 것이다. 그리하여 이를 통해 방열소재 산업의 현재를 조망하고 향후 발전 방향에 대한 이해를 돕고자 한다.

Ⅱ. 방열소재 개요

1. 방열소재란

방열소재는 발열 부품의 열을 주변으로 효과적으로 전달하여 온도를 낮추는 재료를 말한다. 이러한 재료는 주로 열전도를 통해 작동하며, 부품과 방열판 또는 외부 환경 사이에서 열 흐름을 원활하게 해준다. 전자기기 내부에서는 공기나 냉각수와 같은 유체가 순환할 수 없는 좁은 공간이 많아, 열을 빠르게 전달하는 고체 재료의 역할이 중요하다. 방열소재는 마치 열의 다리처럼 작동하여, 뜨거운 부품에서 발생한 열을 재료를 통과해 보다 넓은 면적으로 퍼뜨리거나 외부로 방출되도록 돕는다.

재료의 열전도율(thermal conductivity)은 방열소재의 핵심 성능 지표이며, 단위 두께에서 열이 얼마나 잘 통과하는지를 나타낸다. 예를 들어 구리는 약 400 W/m·K, 알루미늄은 약 200 W/m·K 정도의 높은 열전도율을 갖고 있어 열을 매우 잘 전달한다. 반면 일반적인 고분자(plastic)는 0.1~0.2 W/m·K 수준에 불과하여 열이 잘 통하지 않는다. 따라서 단순한 플라스틱으로는 방열에 한계가 있으며, 이를 개선하기 위해 열전도성 필러(filler)를 첨가한 복합 소재가 사용된다. 열전도성 필러란 금속 분말, 세라믹 분말, 탄소 재료 등 열을 잘 전달하는 미세 입자들로서, 이를 고분자 수지에 혼합하여 열을 전달하는 경로를 형성한다.

디바이스 시스템에서 발생한 열을 외부로 방출하는 열전달의 메커니즘은 아래의 그림에 정리한 바와 같이 전도·대류·복사의 3가지로 요약된다.

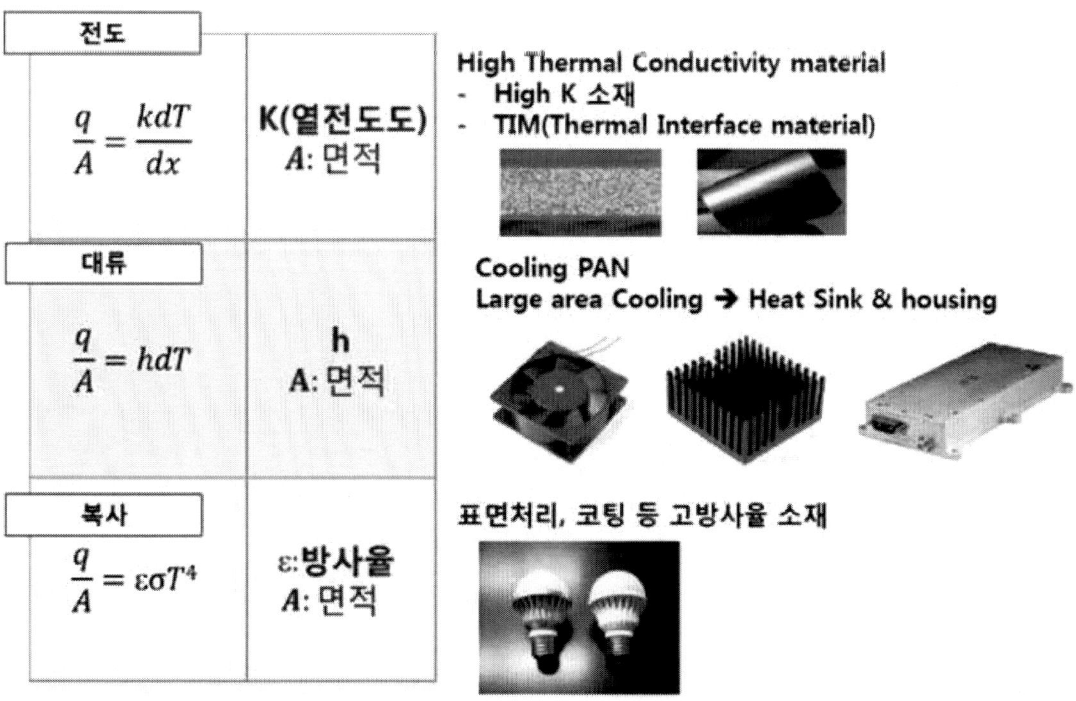

열전달 메커니즘과 각 기구별 주요인자

출처: 신소재경제신문

열이 디바이스 시스템에서 대기 중으로 방사되는 최종 단계에서는 대류와 복사가 중요하게 작용한다. 기판 소재는 열원과 인접한 부위에 위치하며 열의 최종 배출단까지의 열전달은 대부분 전도에 의존하게 된다. 대류·복사 기구에서는 말단의 디자인·비표면적·고방사율 코팅 등이 중요한 인자이지만, 전도 기구는 소재 자체의 열전도율에 100% 의존하기 때문에 고열전도 소재의 개발이 반드시 필요하다. 예를 들어 상기의 파워모듈이 자동차 등에 탑재될 경우, 사용 환경의 온도변화가 상당히 크다. 특히 기판과 배선과의 접합부분에는 열팽창계수 차이에 의해 높은 응력이 발생하기 때문에 회로기판 소재는 최소 70W/mK 이상의 열전도율이 요구된다. 또한 배선 소재인 구리나 알루미늄과의 접합성이 우수하고 신뢰성을 담보할 수 있는 열적·기계적 특성이 요구된다.

방열의 원리 출처: LG 디스플레이

가장 보편적으로 사용하는 방법은 방열판(Heat sink)을 발열 부품에 부착하여 효율적인 방열을 유도하는 것이다. 방열판은 발열부품의 발열면에 부착되는데 열이 발생되는 부품에서 그 열을 전달받아 방열 핀으로 전달하게 되면 방열핀은 그 열을 방열함으로써 냉각효과를 가져오는 역할을 수행한다.[1)]

방열소재는 열전도를 높이면서도 제품의 다른 요구 특성을 충족해야 한다. 예를 들어 전자회로와 직접 접촉되는 재료의 경우 전기적으로 절연이어야 하는데, 금속은 전기가 통하므로 부적합하다. 또한 자동차나 항공 분야에서는 무게를 줄이는 것이 중요하므로, 가벼운 소재가 선호된다. 이처럼 방열소재 개발에서는 높은 열전도도, 전기 절연성, 경량성, 내구성 등의 속성을 균형 있게 확보하는 것이 원리이자 목표이다. 이러한 필요에 따라 한 가지 물질만으로 이루어진 방열소재보다는, 다양한 재료의 장점을 결합한 복합재료 기술이 방열 분야에서 핵심으로 떠올랐다.

효율적인 방열을 위해서는 방열판 재료가 열전도성이 우수해야 하므로 일반적으로 구리, 알루미늄, 스테인리스 등의 금속재료가 널리 이용되고 있다. 그러나 이와 같은 금속재료는 비중이 커 소형 전자기기 등의 경량화에 장애로 작용하기도 하며 금속의 높은 반사

1) 한국기술은행

율로 인해 열원을 전달받아 외부로 배출하는 작용이 원활하지 않아 방열효율을 떨어뜨리는 문제점도 있다. 이번 장에서는 이러한 방열소재별 특성과 기술에 대해 다루었다.

2. 방열소재의 종류

방열 재료의 소재 성분을 살펴보면 탄소재료나 세라믹 소재 같은 고열전도성 필러 소재와 고분자 소재가 혼합된 복합 소재가 대부분이다. 열전도성 고분자는 기존 고분자 재료의 장점인 용이한 가공성, 저비용, 경량화, 제품형태의 다양성 등을 그대로 유지하면서 금속과 세라믹 재료의 특성을 부여할 수 있다.

또한 복합재료를 사용하는 이유는 고열전도성 무기 필러 소재가 열전도성이 우수하나 접착력이 없고 고분자 소재는 접착력은 우수하나 열전도성은 낮기 때문이다. 그러나 고분자 복합 재료의 높은 열전도도를 달성하기 위해서는 많은 양의 필러가 들어가게 되는데 이러한 경우에는 가공 조건이 난해해지고 제품의 물리적 성질이 저해되는 문제점이 있다.

아래의 표는 방열에 이용되는 소재의 열전도도를 비교한 표이다.

구 분	Material	Thermal Conductivity(W/mk)
Metal	Aluminum	237
	Gold	315
	Gopper	386
	Lead	35
	Steinless Steel	16.3
	SS316	14-16
	Silver	406
	Steel	50.2
무기재료	Beryllium oxide	260
	Aluminium nitrde	320
	Slicon carbide	270
	Alumina	24~35
부도체 Grease	Glass	0.8
	Water	0.6
	Ice	1.6
	Fiber-reinforced, Plastic	0.23~1.06
	Diamond	2000
	Polyethylene HD	0.5
	Thermal grease, Ag based	2~3

방열에 이용되는 소재의 열전도도 비교

전자소자의 고집적화로 인해 열 밀도가 급격히 증가하여 전자부품의 수명과 신뢰성에 큰 영향을 미치고 있다. 전자제품의 방열판(heat sink) 소재로 사용되기 위해서는 대략 1~30W/mK 값을 가져야 하고 방열소재로는 금속, 세라믹, 카본 등의 열전도성 필러와 고분자로 이루어진 복합재료를 채택하여 사용하는 경우가 증가하고 있다.

전자기기의 고밀도화 및 공간절감화가 급속하게 진행됨에 따라 열에 의한 제품성능에 미치는 영향이 심각해지고 있다. 일반적으로 히트싱크(heat sink) 등에 효율 좋게 열을 전달하기 위해 실리콘 고무나 겔 등의 방열 시트가 사용되고 있다. 그러나 실리콘계 방열 시트의 경우에는 저분자량의 실록산에 의해 생성되는 절연물의 부착으로 인하여 접점불량 등의 문제점이 발생하고 있다.

최근에는 전기전자기기가 복잡화됨에 따라 방열 고무 및 겔에 대한 요구도 종래의 단순한 시트는 물론 0.5㎜ 이하의 얇은 두께의 것이나 역으로 6㎜ 이상의 두꺼운 것, 또는 시트 형상 이외에도 복잡한 형상의 것 등 다종다양해지고 있다. 방열 재료는 일반적으로 열전도성이 낮은 수지성분(매트릭스)에 열전도성 필러를 다량으로 충전함으로써 열전도 및 방열 성능이 얻어진다. 이와 같은 수법에서는 매트릭스로서 열가소성 엘라스토머를 사용한 경우 딱딱하고 깨지기 쉬울 뿐만 아니라 특히 유동성이 악화되어 성형성이 매우 나쁘게 된다. 또한, 열전도성 필러는 알루미나로 대표되는 것과 같이 표면경도가 높기 때문에 범용의 열가소성 성형기를 사용하면 스크루 등의 마모문제가 발생한다. 이와 같은 문제점 때문에 지금까지 열가소성 엘라스토머의 고열전도화가 실용화되지 못하고 있다.

1) 고분자/금속 복합재료[2)]

□ 고분자/금속 복합재료 정의

고분자에 대한 명확한 정의는 존재하지 않으나 일반적으로 분자량이 1만 이상인 큰 분자를 말한다. 100개 이상의 원자로 구성되어 있으며 대개 중합체(polymer)이다. 금속의 경우 원자들이 매우 규칙적으로 배열되어 있고 세라믹, 고분자에 비해 밀도도 높다. 방열소재에 있어 고분자 또는 금속 복합재료가 사용된다.

방열소재로는 고분자/금속 복합재료가 사용되는데 특히 자동차용 방열 소재로 사용되기 위해서는 열전도도가 대략 1~30W/m,k 값을 가져야 한다.

2) 방열소재 및 방열접착 기술시장 동향 및 사업화 이슈분석, KISTI

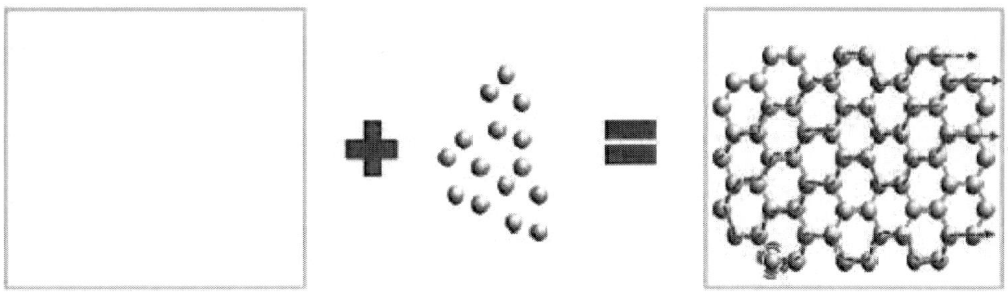

고분자 방열 복합소재 구성성분

금속 필러로는 주로 알루미늄, 구리, 은 등의 미세 입자가 사용되며, 이들은 자체 열전도율이 매우 높아 복합재 전체의 열전달 능력을 크게 끌어올린다. 예를 들어 에폭시 수지에 알루미늄 분말을 70~80중량% 수준으로 채우면 열전도율을 수십 W/m·K까지 향상시킬 수 있다. 이처럼 금속 복합재는 높은 열전도 성능이 가장 큰 장점이다.

그러나 금속 필러 사용에는 고유의 단점도 따른다. 우선 금속은 전기 전도성이 있어, 복합재가 회로와 접촉할 경우 단락을 일으킬 위험이 있다. 따라서 이러한 소재는 전기적으로 접지된 히트싱크 면이나 절연 시트와 함께 사용해야 한다. 또한 금속은 비중이 커서 필러 함량이 높아질수록 복합재 무게가 증가한다. 예컨대 은이나 구리 분말은 효과적이지만 가격이 비싸고 무거워 대량 적용에 부담이 된다. 그럼에도 불구하고 고분자/금속 복합 방열소재는 가장 높은 수준의 열전달 성능이 요구되는 분야(예: 파워 일렉트로닉스 모듈 접합부 등)에서 여전히 중요한 선택지이다.

□ 고분자/금속 복합재료 특성

금속 입자를 필러로 한 고분자 복합재료는 열전도도와 전기전도도가 증가하지만 밀도가 증가하여 경량화가 요구되는 분야에 적용이 어렵다. 열전도도를 향상시키기 위해 사용되는 금속 입자들은 주로 Al, Ag, Cu, Ni 등이 있다. 열전도도는 구리 입자의 크기가 작은 것이 더 높은 열전도도를 나타낸다고 보고된바 있다.

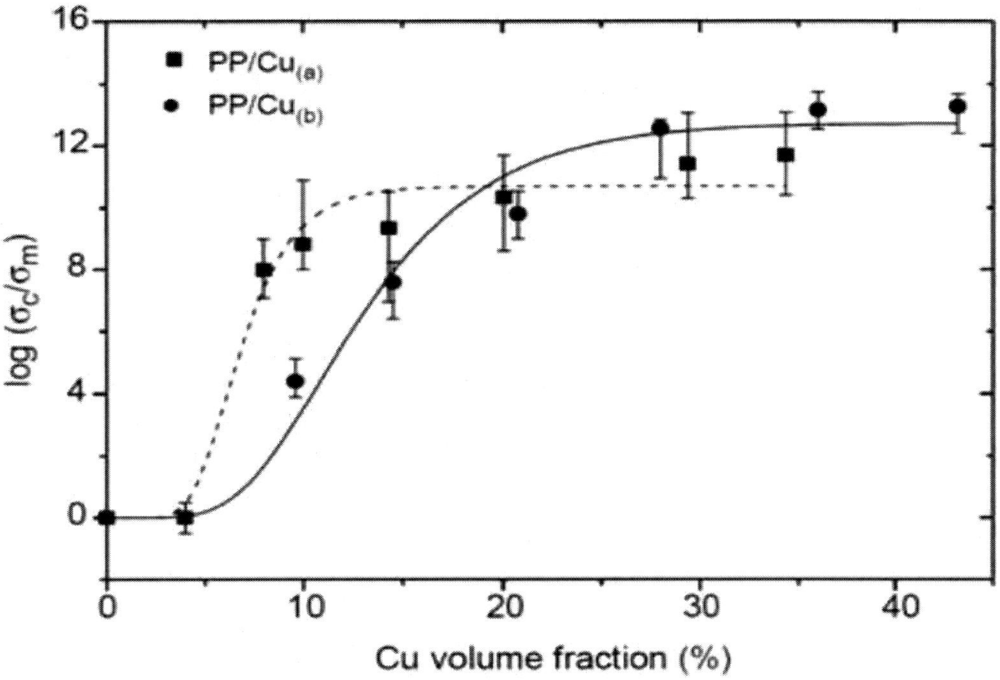

PP/Cu 복합재료의 전기전도도

프랑스 Paris 대학의 Boudenne 그룹은 PP수지와 크기가 다른 2종의 Cu입자를 사용하여 제조한 복합재료의 전기전도도 특성과 열전도도 특성을 연구하였다. 전기 전도도의 경우 Cu의 함량이 20% 이하인 경우 작은 입자(■)를 사용한 복합재료가 높은 전도도를 나타냈고, 낮은 함량에서 percolation threshold를 보이는 반면, 20% 이상의 경우 큰 입자(●)의 경우가 더 높은 전기전도도를 나타낸다고 보고 하였다. 열전도도는 구리 입자의 크기가 작은 것이 더 높은 열전도도를 나타낸다고 보고하였다.

Kumlutas그룹은 PE에 Al을 필러로 사용하여 열전도성 복합재료를 제조하였고, Mamunya 그룹은 PVC와 epoxy에 Cu와 Ni를 필러로 사용하여 전기전도도와 열전도도를 측정하였다. 고분자 복합재료의 열전도도는 충전제의 열전도도 및 배열 방향에 영향을 받는다고 보고하였다.

최근 고방열, 전자파(방사능 포함) 차폐/흡수, 에너지저장, 열안정성(저열팽창/고열전도도), 방탄, 초고온/고내열 등 신기능 및 기존의 성능 한계를 뛰어넘는 고성능 금속 복합소재에 대한 관심의 증가로 선진국에서 소재 및 제품개발을 활발히 진행 중이다.[3]

일본의 Aron Kasei사는 유연성을 가진 특수한 열전도성 필러를 선정하고, 독자적인 열가소성 엘라스토머의 배합기술과 컴파운드 기술을 이용함으로써 범용의 열가소성 성형기로도 성형이 가능한 고열전도성을 가진 열가소성 엘라스토머 시리즈의 신제품 개발에 성

3) 출처: 중소기업청, 2014

공하였다. 이 엘라스토머 제품들은 저분 자량의 실록산을 함유하지 않을 뿐만 아니라 비교적 자유로운 설계가 가능한 소재이다.

방열 시트는 사용되는 장소나 사용방법에 따라서 시트 고정 시의 압축률 및 두께가 다양하게 된다. 따라서 이러한 상황을 고려하지 않고 시트를 선정하게 되면 단순히 열전도율이 높은 시트를 사용하더라도 실제로는 열의 전달성이 나쁘게 나타난다. 여러 종류의 방열 시트 특성을 시험한 결과를 보면 대체적으로 약간 압축하여 사용하는 경우에는 높은 열전도율을 가진 시트가 열전달 특성이 우수하게 나타났으며, 압축률이 높은 경우에는 유연한 시트가 열전달 특성이 우수한 것으로 나타났다. 또한, 비교적 경질의 시트는 압축의 영향을 별로 받지 않고 열전도율의 정도에 의존하는 것으로 나타났다. 각종 방열 시트 간의 비교에서는 Aron Kasei사의 신제품은 그와 동등한 정도의 경도 및 열전달률을 가진 실리콘계보다도 열전달성이 우수하였다.

방열 고무 및 겔 시트를 장기간 사용하는 경우에는 가소제의 휘발 등에 의해서 경화되거나 수지가 건조되어 공극이 발생하여 열전달성이 악화된다. 각 경과 시간별로 압력을 제거했을 때의 시험편 두께와 경도 변화를 조사한 결과, 아크릴계는 500시간 경과 후부터 수지가 건조되어 시트와 시험기구 사이에 공극이 발생했다. 또한, 경도변화도 상당히 딱딱하게 되기 때문에 시트의 설치 당시보다도 열전달 특성이 크게 저하되는 것이 예상된다. 한편, 실리콘 겔과 Aron Kasei사의 신제품은 모두 1,000시간 경과 후에도 공극의 발생이나 경도의 큰 변화가 없으므로 장기간 사용에도 열전달 특성이 거의 유지될 것으로 판단된다.

□ 고분자/금속 복합재료의 응용분야

금속복합소재는 다양한 특성(경량, 고강도/고강성, 고방열, 저열팽창, 내열, 내마모, 방탄, 차폐/흡수)의 조합과 제품의 형태(벌크, 코팅)로 수요산업에서의 요구에 부응하는 구조용 및 기능성 금속복합소재로 구성된다.

- 수송기기용 금속복합소재는 자동차 파워트레인, 철도차량 대차, 국방 기동차량용 구조소재로 적용된다.
- 열안정성 금속복합소재는 고열전도도 및 저열팽창 특성으로 IT기기, 조명(LED), 전력반도체용 방열소재와 항공/우주 및 국방용 광학소재로 적용된다.
- 에너지 차폐/흡수 금속복합소재는 국방 전차 및 장갑차용 방탄소재와 방사능(중성자) 수송 및 저장용 소재로 적용된다.
- 고온 구조용 금속복합소재는 화력/원자력 등 에너지 발전, 국방 유도무기/로켓용 추지체용 내열/내식소재와 공구, 압연롤 등의 초경/내마모 소재로 적용된다. 또한 금속복합소재는 경사기능 및 내열/내마모용 코팅소재로 적용되며, 기능성 금속복합소재 분말, 박막 등이 포함된다.[4]

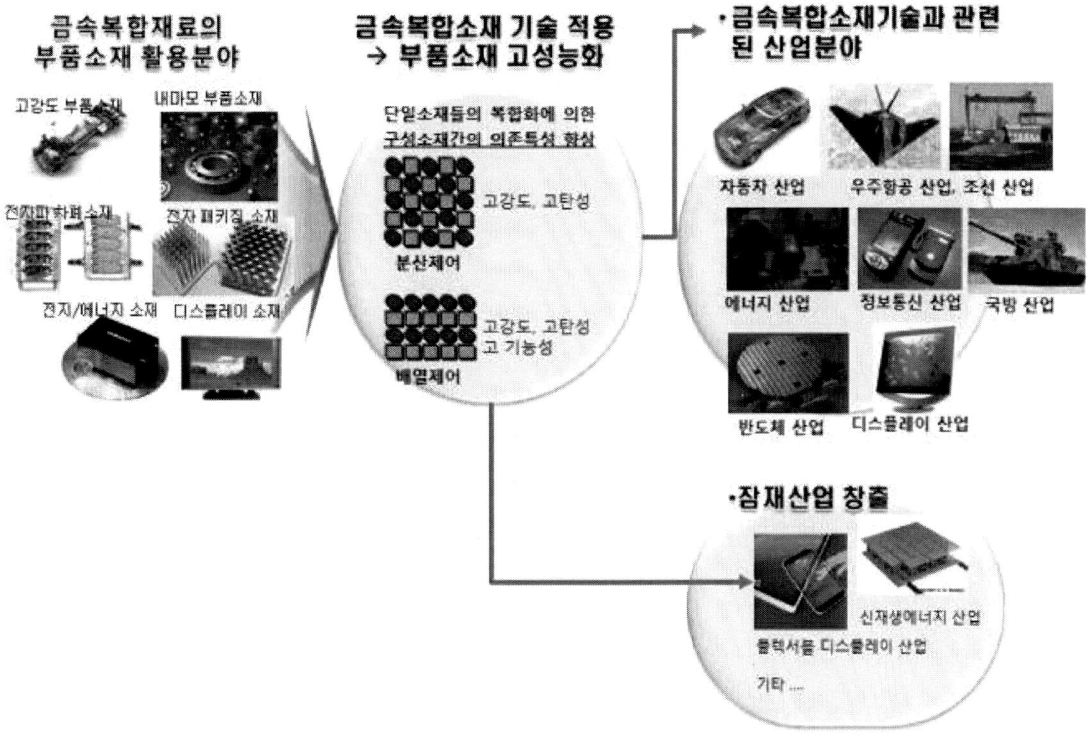

금속복합소재 응용분야 및 관련 산업, (중소기업청, 2014)

복합소재는 두 종류 이상의 소재를 복합화한 소재를 의미하며 개념적으로는 두 종류 이상의 소재를 복합화한 후에 물리적 화학적으로 각각의 소재가 원래의 상을 유지하면서 원래의 소재보다 우수한 성능을 갖도록 한 소재를 말한다. 복합소재는 강화재 와 모재로 이루어지며 본질적으로 불균질한 재료인 이 두 가지 재료가 상호작용을 하며 강화재는 섬유상과 구 판 타원체 등의 입자상 및 섬유 또는 입자의 혼합상으로 구성되고 모재는 금속재료 무기재료 및 유기재료 등으로 구성된다. 탄소복합소재는 강화재로서 탄소섬유 탄소나노튜브 등 탄소재료가 사용된다.

탄소복합소재의 가장 중요한 요소인 탄소섬유에 대해서 소개하고자 한다. 탄소섬유란 유기섬유 전구체를 가열하여 얻은 탄소함유율이 이상인 섬유를 탄소 90% 섬유라고 한다. 복합소재는 섬유 또는 입자 등의 강화재가 모재 속에서 균일하게 분산되어 전체적으로는 한 개의 조직 구조를 형성시키는 것으로 요구되는 용도에 성능의 최적화를 도모한 소재이다.

탄소섬유는 일반적으로 원료 제조방볍에 의해 분류하며 Rayon계, PAN계 (polyacrylonitrile), Pitch계로 나뉘며 현재 PAN계 탄소섬유가 주류를 이루고 있다. 탄소섬유는 비탄성률, 비강도, 내열성, 내식성, 전도성, 진동, 감쇄성, 및 마모 특성 등이

4) 금속복합소재 산업로드맵, 중소기업청, 2014

우수한 재료이며 형태적 성질로 섬유직경이 정도로 미세하므로 유연성이 있으며, 장섬유 탄소섬유를 이용한 복합소재를 예로 들면 강도 특성, 열적 특성, 전기적 특성 등이 섬유의 방향과 섬유의 직경 방향과는 커다란 차이를 보이는 이방성을 보이는 특징을 가진 섬유로서 직물 등의 여러 가지 가공성이 유리하기 때문에 복합재료의 원소재로 각광을 받고 있다.

오늘날의 복합소재는 년대 초에 유리섬유가 만들어진 후 본격적으로 출발 1930을 하였으며 붕소섬유 탄소섬유 등의 등장 후에 선진 복합소재의 시대로 접어들었고 년대에 섬유 강화 플라스틱 이 개발된 이래 여년 역사의 절반은 섬유에 유리섬유를 사용한 GFRP였으며 현재 공업 소재로서의 기반을 굳히고 있다.

2차 세계대전 후 강화섬유 수퍼섬유 로 탄소섬유, 붕소섬유 및 아라미드섬유 등의 고성능 섬유, 그리고 수지로는 에폭시 수지, 나일론, 폴리아세탈, 폴리프로필렌, 폴리카보네이트 등의 개발로 오늘날의 복합소재 시대가 시작되었다.

□ 고분자/금속복합재료 산업분석

금속복합소재는 철강, 알루미늄, 고분자 복합재료와 비교해서 아직까지 세계적으로 실용화되지 않은 신소재이지만, 향후 지식 집약적인 신산업의 창출 및 주력 산업의 고부가가치화가 가능하여 산업 전반에 걸친 파급효과가 큰 원천소재이기 때문에 미국, 유럽연합(EU), 일본 등의 선진국들이 장기적인 계획 하에 신기술 개발 및 실용화를 통한 시장 개척을 시도하고 있으며, 국내에서는 최근 들어 관련 기업이 태동하는 단계이다.

최근 들어 환경 규제가 강화되면서 자동차의 연비감소 및 환경문제 해결을 위해 경량대체 재료로서 자동차 산업에서 사용량이 점진적으로 증가하는 추세이나 높은 가격으로 인하여 중소기업이 개발 필요성은 인정하면서도 투자를 주저하는 실정이다.
국내 산업의 활성화를 위해서는 현재 수입에 의존하고 있는 금속복합소재의 국산화를 추진하고, 소재 공급망을 확보하기 위한 수요기업과의 협업체계를 구축하는 등 산업망 형성이 필요하다.

금속복합소재는 대부분 know-how 기술로서 높은 재현성 확보와 특성을 자유롭게 설계할 수 있는 능력 확보가 중요한 요소이며 국내 독자기술 개발을 통한 고유 브랜드 소재 개발, 시장의 다양한 요구에 대응하기 위한 경쟁력 확보가 필요하다.
금속복합소재는 미래 융합 신산업에 보다 적합하고 기술 개발은 중소기업이 주도하고 있으며, 현재 비철 기업 중 일부가 비철소재생산과 병행하여 일부 생산하고 있는 단계로서 금속복합소재 전문기업은 극소수에 불가한 실정이다.[5)]

---

5) 중소기업청, 2014

2) 세라믹 복합재료[6)]

세라믹 복합재는 수지에 세라믹 분말을 충전한 형태의 방열소재를 말한다. 세라믹 필러로는 산화알루미늄(Al_2O_3), 질화알루미늄(AlN), 질화붕소(BN), 산화아연(ZnO) 등 다양한 재료가 활용된다. 이들 세라믹은 금속만큼 높은 열전도율을 갖지는 않지만(AlN의 경우 약 170 W/m·K, BN는 30~60 W/m·K 수준), 전기 절연성이라는 큰 이점을 지닌다. 따라서 세라믹 충전 복합재는 전력전자 회로처럼 전기적으로 민감한 부품과 직접 맞닿는 방열에 적합하다. 세라믹 필러를 50% 이상 고함량으로 넣은 복합소재는 대체로 몇 W/m·K 이상의 준수한 열전도율을 달성하며, 부품 간 열저항을 효과적으로 낮춰준다.

세라믹 계열 방열소재의 또 다른 장점은 안정성과 경량성이다. 세라믹 입자는 금속과 달리 녹슬거나 산화되는 문제가 거의 없고, 소재 자체가 비교적 가볍다. 또한 열에 강해 고온 환경에서도 특성이 안정적이다. 다만 매우 높은 열전도율을 얻기 위해서는 미세 분말을 다량 첨가해야 하므로, 복합재의 점도가 크게 올라가 가공이 어려워질 수 있다. 이에 따라 제조 공정을 최적화하고 입자 형태를 조절(예: 구형 입자와 판상 입자의 혼합)하여 유동성과 열전도 사이의 균형을 잡는 기술이 중요하다. 전반적으로 세라믹 복합 방열소재는 전기적 안전성과 환경 안정성으로 인해 전자기기 방열에 널리 사용되고 있다.

AlN, Al_2O_3, BN, SiC, BeO 등의 세라믹들은 높은 열전도도와 절연 특성을 가지고 있어 열전도성 소재로 각광받아 왔다. 일반적으로 세라믹 고분자복합재료의 열전도도는 필러의 충전밀도, 입자의 크기와 크기 분포, 표면처리, 가공방법 등에 의해 영향을 받는다.

열전도율이 높은 세라믹스는 다양하게 존재하지만, 디바이스의 기판으로 적합한 소재는 다음 표에 정리한 바와 같이 알루미나, 질화알루미늄 및 질화규소의 3종류가 대표적이다. 이들 소재 중 고유의 열전도율이 20-30W/mK로 상대적으로 낮은 알루미나는 연구개발의 대상은 아닌 반면, 질화알루미늄과 질화규소는 주로 일본의 연구소와 기업을 중심으로 각각 80년대와 90년대부터 연구가 본격화 되었다. 세라믹 기판용 질화알루미늄과 질화규소에 대해 알아보겠다.[7)]

□ 고방열 세라믹 기판 기술[8)]

세라믹 복합재료를 이용해서 만들어진 세라믹 기판이 사용되는 제품으로는 전자패키지용 기판이 있다. 이는 위 그림과 같이 그 위에 각종 전자부품을 실장하여 이를 기계적으로 고정시키고, 기판 표면 혹은 내부에 회로를 형성하여 기판 위에 실장된 전자부품을 전기적으로 연결하여 이를 동작시키는 역할을 하는 필수적인 기능성 부품이다.

---

6) 방열소재 및 방열접착 기술시장 동향 및 사업화 이슈분석, KISTI
7) 신소재경제신문,
8) 고출력 전자패키지용 방열소재기술, 세라믹연구본부, 조명 · 전기설비학회지

기판소재는 기본적으로 열적, 전기적, 기계적으로 안정해야 하므로 종래에는 우수한 절연성 및 성형성을 가지는 폴리이미드계 수지, 플루오르계 수지 등의 고분자소재가 주로 사용되었으나, 고분자소재의 경우 열전도도가 매우 낮기 때문에 방열 특성이 열악하다는 단점이 있어 최근에는 절연처리를 한 금속이나 고열전도 세라믹 소재 기판이 많이 사용되고 있다.

세라믹 소재는 금속에 비해 우수한 전기 절연성을 가지고, 고분자보다 열전도도가 높으며 Si과 열팽창계수가 유사하여 기판위에 반도체 칩을 직접 장착할 수 있다는 장점이 있어 고출력 고방열 디바이스의 고방열 기판으로 사용되기에 매우 적합한 소재이다. 특히, 최근 전자부품의 고성능, 다기능화 및 고집적화에 따라 반도체 칩에서 발생하는 열의 밀도가 급속히 높아지고 있으며, 향후 이러한 추세가 더욱 심각해 질 것으로 예상되기 때문에 고방열 세라믹 절연기판 소재의 필요성이 더욱 절실해질 것으로 보인다.

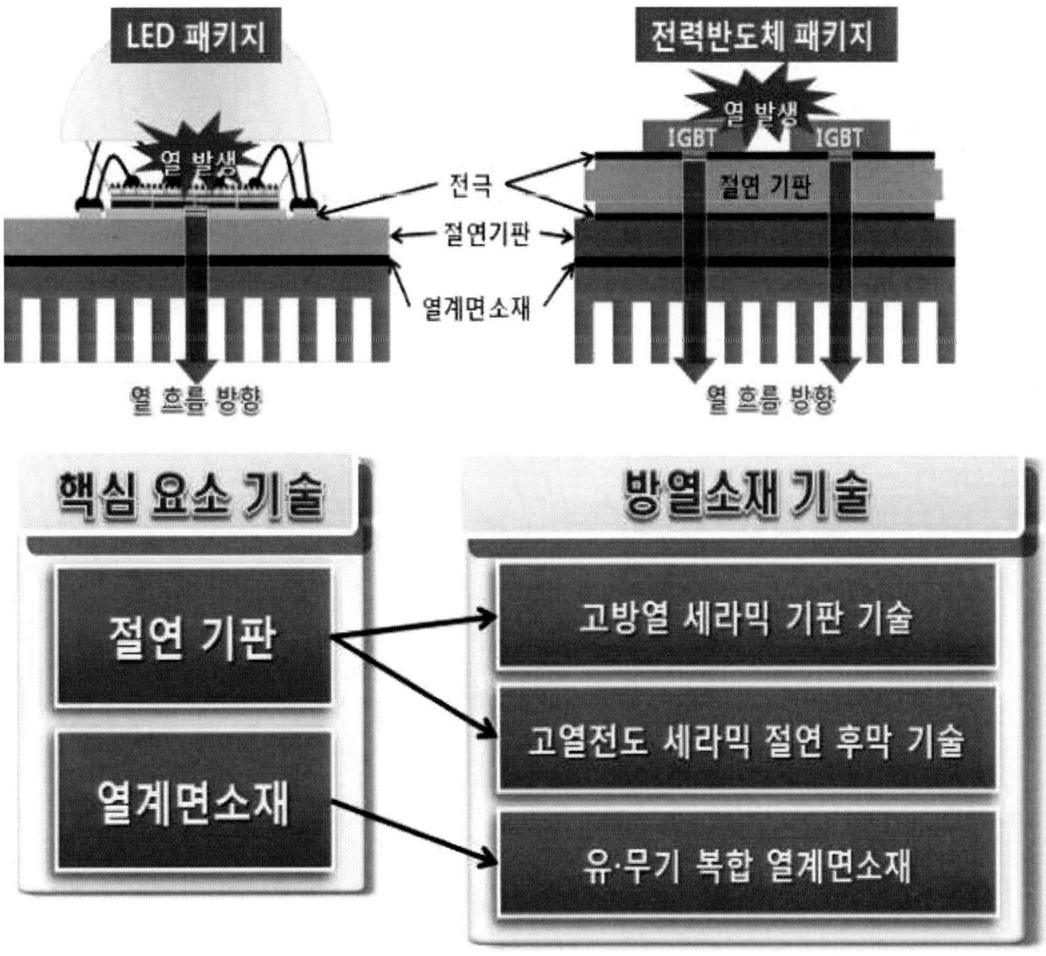

LED, 전력반도체 패키지용 핵심방열소재 기술

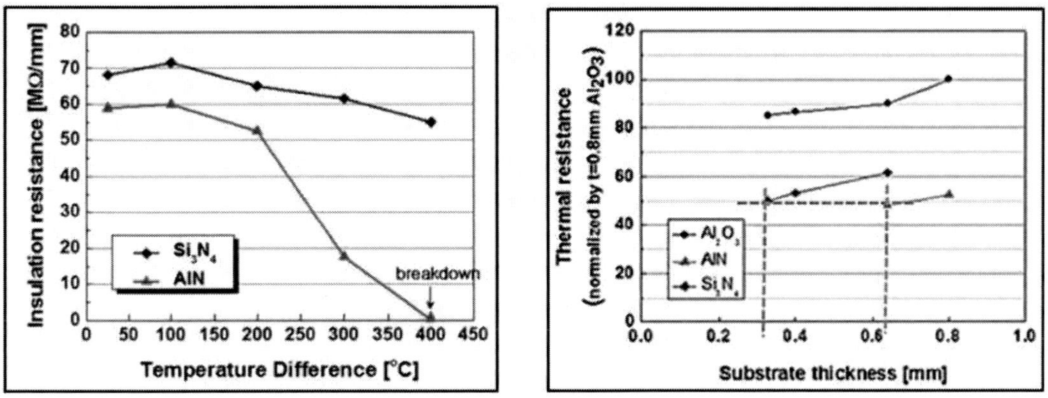

Si3N4 기판과 AlN 기판의 열저항 비교

□ 질화알루미늄(AlN)[9]

○ 질화알루미늄 개념과 특성

질화알루미늄은 매우 높은 열전도성 및 우수한 전기절연 특성을 지니고 복합체의 특징을 지니는 유일한 기술적 세라믹재료이다.

결정 구조

- ✓ **Hexagonal Wurzite구조**
- ✓ **이온 결합: 45%**
- ✓ **열팽창계수: 4.5X10^-6/K**
- ✓ **이론 열전도도 : 320W/mK**
- ✓ **이론밀도: 3.26g/cm³**
- ✓ **적외선 투과(2 ~ 7um)**

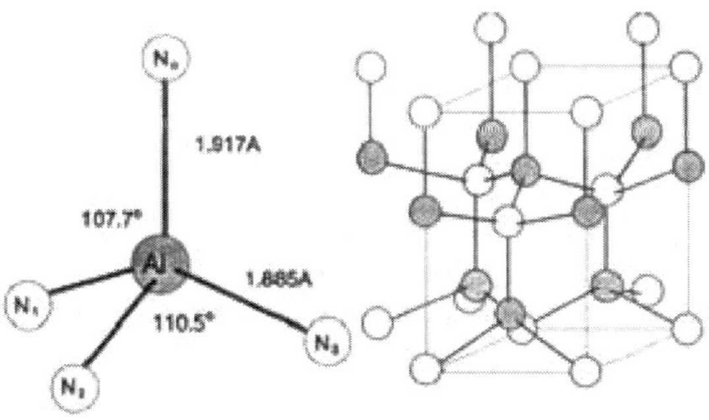

구분	Al_2O_3	AlN
Bending Strength(MPa)	350	320
Dielectric Constant(@1MHz)	9.8	8.8
Thermal Expansion coefficient(10^{-6}/K)	7.6	4.5
Thermal Conductivity(W/mK)	20-30	150-250
Breakdown Voltage(kV/mm)	15	14

질화알루미늄의 결정구조 및 특성, (cerazine)

질화알루미늄은 전기는 통하지 않고 열은 잘 전달하는 특성, 즉 열전도도가 금속소재와

9) 전자신문, 2015.11.22

유사해 열이 많이 발생하는 기기의 방열소재로 많이 사용된다. 기존에 가장 널리 사용되고 있는 고열전도 세라믹 기판 소재는 질화알루미늄(AlN)이다. AlN은 알루미나(Al2O3)에 비해 약 9배 높은 열전도도를 가지며, 이와 동시에 $10^{14}\Omega\cdot cm$의 높은 전기 절연성을 나타내어 고열전도성 세라믹스가 적용되는 반도체용 기판이나 부품, 고출력 LED 패키지 등 다양한 분야로의 적용이 확대되고 있다. 그러나 AlN은 높은 열전도도에 비해 기계적 물성이나 화학적 안정성이 취약하여 최근에는 고열전도도를 가지는 질화규소(Si_3N_4) 소재에 대한 관심이 점차 높아지고 있다. 질화규소 세라믹스는 상대적으로 낮은 열전도도에도 불구하고 높은 열적, 기계적 특성을 겸비하여 디바이스의 장수명화 및 신뢰성 향상에 유리한 것으로 알려져 있다.

질화알루미늄 개발품과 기존제품의 비교

항목	기존제품	개발품	비고
첨가제(소결조제)	이트리아	나노 글라스 세라믹	신규 첨가제 개발
첨가제 함량(무게비)	5.0%	1.0%	함량감소
제조온도(소결온도)	1800도	1600도	기존대비 200도 감소(양산성 향상)
열전도도	170 W/mK	~110 W/mK	보완연구 필요
기계적 강도	400 MPa	700 MPa	강도 70% 이상 증가
개발효과	기존소재대비 강도 70% 증가, 제조온도 200도 감소 → 기존고가방열소재대체가능, 시설투자 불필요, 생산성 향상		
주응용분야	조명용 LED 패키지용 기판 하이브리드자동차, 전기자동차, 고속철 등 파워모듈 기판		

한국세라믹 기술원은 자체 개발한 나노유리입자를 질화알루미늄에 첨가하는 방식으로 기존 대비 강도를 70% 이상 높인 '고강도 질화알루미늄 방열소재' 개발에 성공했다.

이어지는 그림은 기존 질화알루미늄과 최근 개발된 고강도 질화알루미늄의 소재단면도를 보여준다.

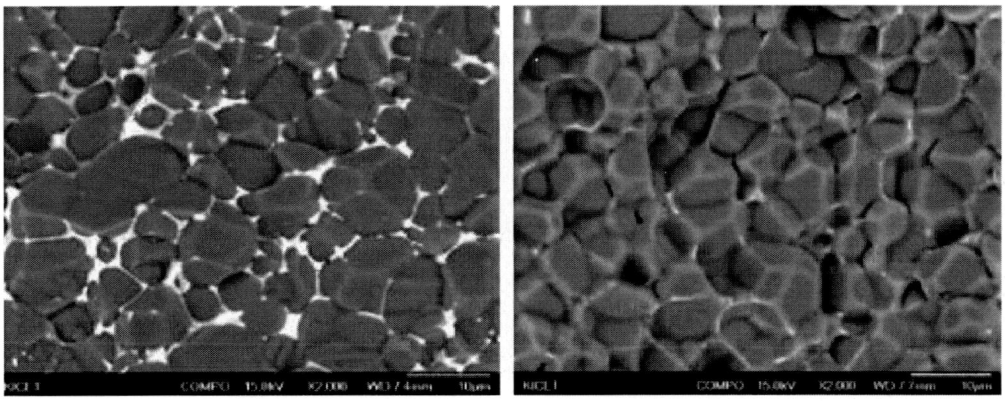

기존 질화알루미늄(왼쪽)과 새로 개발한 질화알루미늄 소재 단면도

기존 질화알루미늄 소재로 만든 하이브리드·전기자동차 파워모듈은 고온이 발생하는 부품 특성상 열적 내구성에 문제가 있었다. 세라믹 소재에 비해 강도도 낮았다. 이를 해결하기 위해 고강도 질화알루미늄은 나노유리입자를 질화알루미늄 분말에 미량(무게비 1%) 첨가해 강도와 열적 내구성 문제를 해결했다.

개발 신소재는 1800℃ 이상 고온에서 제조 가능한 기존 소재보다 제조 온도가 200℃가량 낮아 양산성과 경제성이 높다. 초고온에서 제조방식은 고가의 시설투자가 필요하고 이는 제품 단가 상승으로 이어져 중소 소재업체에 시장 진입 벽으로 작용한다.

질화알루미늄(AlN: Aluminum Nitride, 이하 AlN)은 알루미나와 같이 절연 특성을 갖는 세라믹이면서도 금속과 유사한 열진도 특성을 갖는 비산화물계 세라믹이다. 일명 알루미늄 나이트라이드라고도 불린다. 질화알루미늄은 고열 전도율, 우수한 전기절연성, 낮은 열팽창 계수, 고강도 등의 특성으로 인해 주목 받고 있는 소재다. 이 소재는 알루미늄 금속이나 산화알루미늄 분말을 화학 처리해 만든 것으로 고열전도세라믹스의 반도체 기판이나 부품에 응용되고 있다. 구체적으로는 반도체장치용 질화알루미늄 부품, 금속박막접착 질화알루미늄기판, LED용 방열판, 고출력 Si장치용 방열판, 화합물반도체용 레이저소자용 기판, 하이브리드자동차 전원제어용 기판, 각종 수지 바인더의 방열 필러 등에 폭넓게 활용되고 있다. 특히 반도체 제조장치용 부품에서는 열전도성, 열팽창성 및 내플라즈마성이 우수해 히터, 정전척(Electrostatic Chuck), 세라믹 챔버 부품 등에 사용되고 있다. 200W/m·K 이상의 열전도 질화알루미늄은 레이저 다이오드나 백색 LED용 방열판으로 사용이 기대되고 있다. 또한, 질화알루미늄은 수지 재료의 수십 배 이상의 열전도율을 가지고 있고, 전기절연성이 높기 때문에, 유효한 필러로 기대되고 있다. 그렇지만 고열전도율 질화알루미늄 필러는 아직 초기 개발 단계에 머물러 있다.

○ 질화알루미늄 응용분야

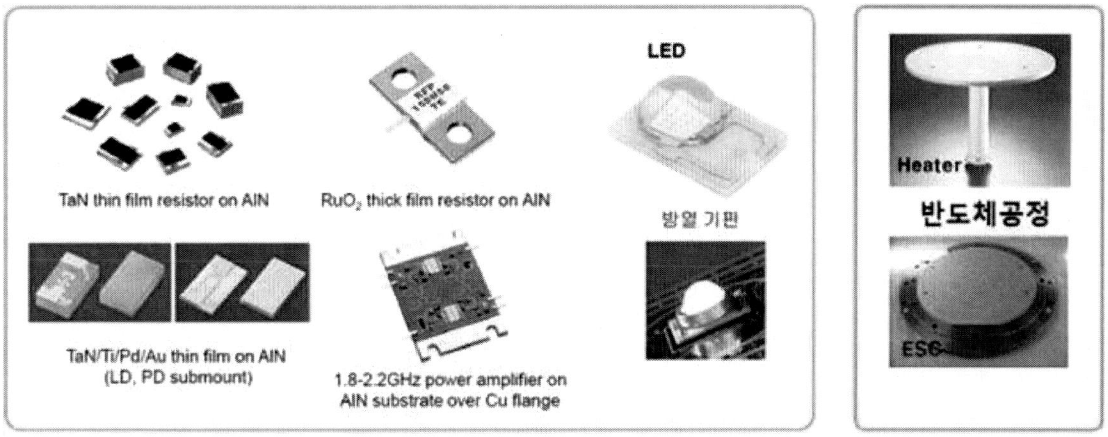

질화알루미늄 소재의 디바이스 기판 및 반도체 공정장비 응용사례

질화알루미늄은 반도체용 부품, 고전류용 스위치, 고주파 전력 증폭장치, 비산화 분위기용 내화골재, 금속용융용 도가니, 보호관, 소결용 치구에 쓰인다. 개발된 고강도 질화알루미늄의 경우 차량용 외에 LED, 풍력, 태양전지 관련 소재·부품 분야에 적용할 수 있다. 그간 조명용 LED업계는 방열 성능과 가격 경쟁력을 동시에 갖춘 이른바 저가형 세라믹 방열기판소재를 요구했기에 상용화가 가능할 것으로 보인다.

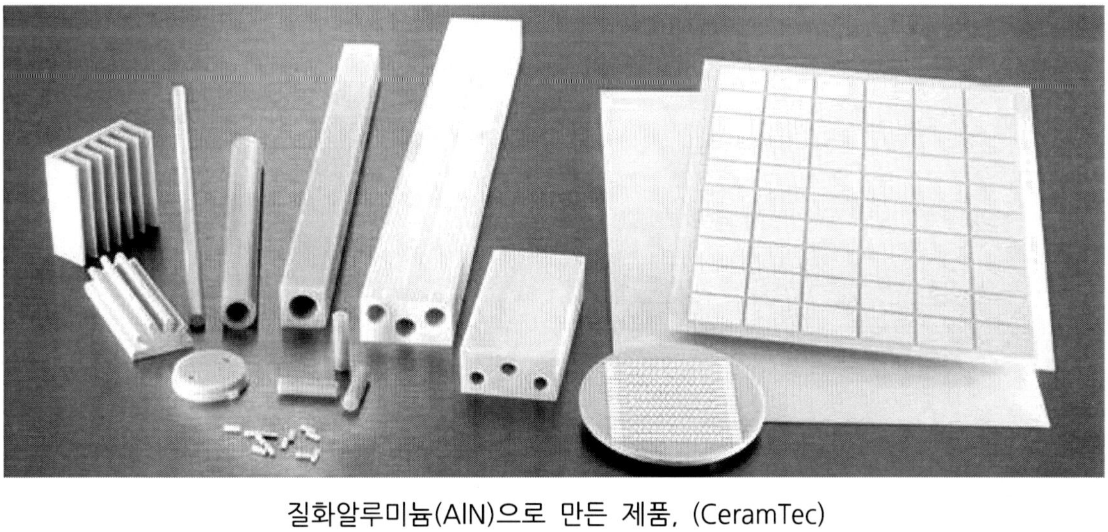

질화알루미늄(AlN)으로 만든 제품, (CeramTec)

자동차, 반도체 및 LED 기술은 실생활에 밀접한 관련이 있고 성장 가능성이 매우 높은 분야이다. 특히 LED의 경우는 모바일, TV 등의 BLU로의 응용을 넘어 차세대 조명으로서도 큰 관심을 받고 있어 고효율 패키지를 위한 방열 소재인 질화알루미늄의 채용이 증가하고 있다. 질화알루미늄은 국내 몇 개 업체에 의해 소량 생산 중이나 기술력은 아직 태동단계 수준이며, 단가 경쟁력 측면에서 뒤처져 일본으로부터 수입 의존도가 높은

상황으로 국산화가 시급한 상황이다. 응용제품별로 보면 방열기판이 280톤으로 54.9%를 차지했고, 반도체 제조 장치용이 190톤으로 37.3%를 차지했으며, 기타가 40톤으로 전체의 7.8%를 차지했다. 방열기판은 백색기판, DBC기판, DBA기판, 박막기판, 패키지, 메탈라이징기판 등이 있고, 반도체 제조장치용에는 CVD 히터, 플라즈마 에칭 부품, 정전척 부품 등이 있으며, 기타 필러용으로는 수지용, 첨가제 등으로 사용되고 있다. Fuji Chimera에 따르면 세계 질화알루미늄 분말 시장규모는 2013년 510톤에서 연평균 5% 성장률로 2017년에는 620톤에 이를 것으로 예측됐다. 금액으로는 2013년 39.6억 엔에서 연평균 4.6% 성장률로 2017년에는 47.4억 엔에 이르렀다. 질화알루미늄의 수요 시장은 일본이 50% 이상을 보유하고 있으나, 2011년에는 동일본 대지진의 영향에 따라 반도체 생산의 침체로 2% 성장에 그쳤고, 2012년에는 일반 산업용 파워 모듈용 기판 수요의 침체로 전년보다 하락 폭이 커졌다. 2013년에는 파워 모듈 기판의 수요가 호조를 보여 전년 대비 5~10% 정도 성장한 것으로 추정된다. 또한, 반도체 제조장치용과 관련해서는 최근 몇 년간 수요 변화가 거의 일어나지 않고 있다.

○ 질화알루미늄 기술현황

반도체 공정장비용 질화알루미늄 국내 기술개발 현황

구분	기술명	개발단계	개발내용	개발주체
정전척/히터소재	상온 비저항 제어 기술	상용화	소결조제의 조성 및 양-결정상의 제어	(주)코미코
	In-Situ 유전층 형성법	기술검토	저온 고속 분사 코팅법에 의한 무소결 유전층 형성	(주)솔믹스
AlN분말합성	지전연소법에 의한 AlN 분말 합성	Pilot	Filler의 양과 질소압에 따른 AlN 합성효율 자전연소설비의 설계에 따른 합성효율	한국지질자원연구원 (주)대한세라믹스

해외 주요국의 질화알루미늄 기술개발현황

구분	기술명	개발 단계	개발 내용	개발주체
전력반도체소재	고열전도화	상용화	소결조제의 조성 및 양 입내산소의 저감 탈지조건과 소성조건의 제어	도시바(일본) AIST(일본)
반도체 공정 히터소재	고열전도화	Pilot	소결조제의 조성 및 양 입내산소의 저감 탈지조건과 소성조건의 제어	도시바(일본) NGK(일본)
	내플라즈마성 고온저항 소재	상용화	소결조성 제어 소결조건 최적화 입자크기 최적화 3㎛ 이하	NGK(일본)
	AIN-AIN 섭합	상용화	접합부 성분 제어 열처리 조건 최적화 접합부 결정상 제어	NGK(일본)
정전척 소재	비저항 제어 기술	상용화	소결조제의 조성 및 양 -희토류 원소 소결조건의 최적화 및 열처리 소결온도 제어 ESR의 G value	NGK(일본)
	내플라즈마성 증가	기술검토	표면입자 배향성 제어 고경도 코팅막 형성	NGK(일본)

□ 질화규소

○ 질화규소 개념 및 특성

질화규소는 공유결합성이 강한 탄소결성물질로 비산화에서 고온 소결하여 제조하여 고온강도와 내열충격성이 우수하기 때문에 고온구조 재료로써 주목받는 소재이다.

-기계적강도 및 고온강도가 우수함
-열팽창계수가 작고, 열충격에 강함
-화학식으로 안정되어 있으며 내마모, 내부식성이 우수함
-산화분위기에서는 1,200℃의 고온에서도 안정적으로 사용가능함

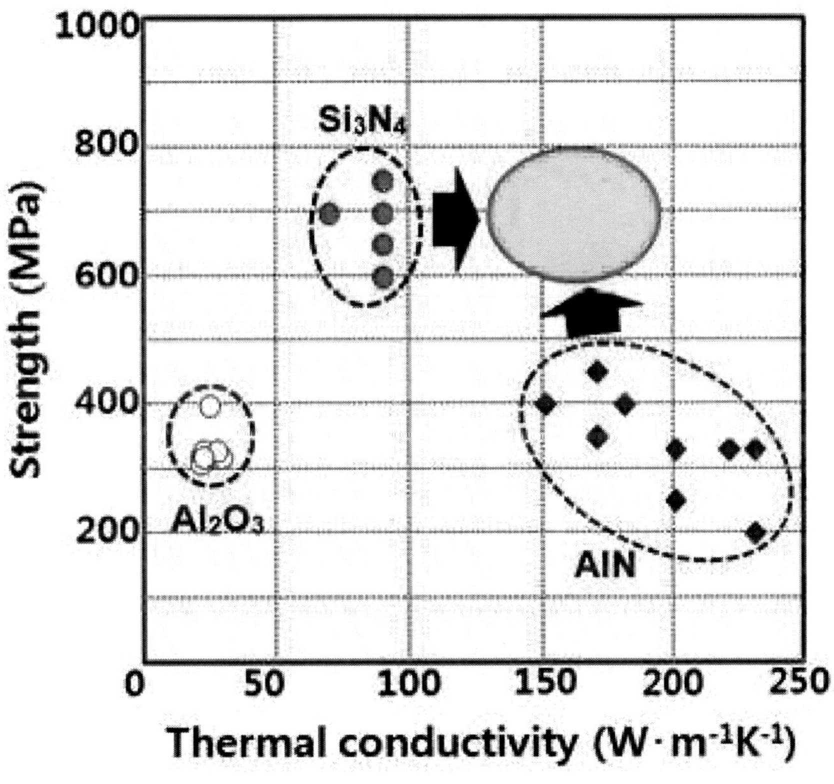

알루미늄, 질화알루미늄, 질화규소의 열전도도-강도 비교

질화규소 세라믹은 열, 충격 및 충격에 매우 강하다. 고강도와 결합 된 우수한 내열성 및 내 충격성으로 인해 고온 및 고부하 적용 분야에서 실리콘 질화물이 우선시된다. 질화규소는 중요한 구조용 세라믹 재료이다. 그것은 윤활성과 내마모성을 가진 초경량 원자 결정 재료이다. 고온에서의 항산화 및 열충격에 대한 저항성이 특징이다. 공기 중에서 1000°C 이상으로 가열하면 급속 가열 후 급격한 냉각으로 인해 단편화되지 않는다. 질화 규소 세라믹의 우수한 특성으로 인해 사람들은 종종 베어링, 터빈 블레이드, 기계

씰, 영구적 인 금형 및 기타 기계 부품을 만들기 위해 이를 사용한다. 엔진 구성 요소의 가열 표면이 고온에 강하고 열 전달이 어려운 질화규소 세라믹으로 제조되면 디젤 엔진의 품질을 향상시키고 연료를 절약하며 열효율을 향상시킬 수 있다. 중국, 미국, 일본 및 다른 국가들은 이미 그러한 디젤 엔진을 개발했다.

질화 규소 세라믹의 생산 기술은 지난 몇 년 동안 급속히 발전해 왔다. 생산 기술은 주로 반응 소결법, 고온 가압 소결법, 대기 소결법 및 공압 소결법에 중점을 둔다. 실리콘 질화물 생산의 주요 유형은 공기압 소결이다. 공기 압력 소결 실리콘 질화물은 초경합하고 뛰어난 내열 충격성을 갖춘 고성능 과학 기술 세라믹 소재이다. 질화규소는 고온 내성 측면에서 다른 세라믹 재료보다 월등히 우수하며 동시에 내 산화성, 강도 및 내 크리프 성 등의 우수한 특성을 가지고 있다. 또한 실리콘 질화물은 열 전도율이 낮고 내마모성이 높아 가장 까다로운 환경에도 적용 할 수 있다. 산성 및 알칼리성 내식성면에서 불화 수소산 이외에 고온에서 항 부식성이 우수하고 항산화 기능이 있는 다른 무기산과 반응하지 않는다.

○ 질화규소 응용분야

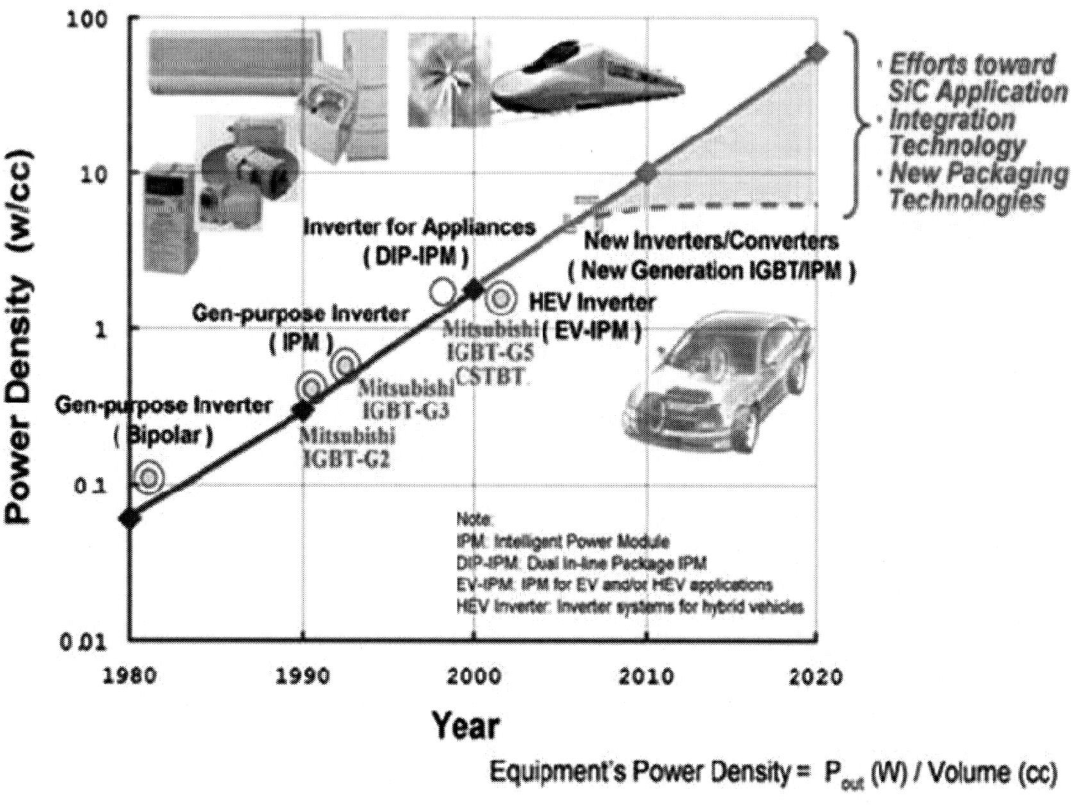

파워디바이스의 전력 밀도별 응용분야

실리콘 질화물은 고급 내화물로 사용된다. 예를 들어, 이것은 고로 및 Si3N4-SIC 내화

재료와 같은 SIC가있는 다른 부품에 사용된다. Si3N4-BN 재료로서 BN과 결합 된 수평 연속 주조 분리 링에 사용된다. Si3N4-BN 시리즈 수평 연속 주조 분리 링은 균일한 구조와 높은 기계적 강도를 가진 미세 구조 세라믹 재료이다. 우수한 열충격 저항성을 가지며 주조 기술 요구 사항에 부합하는 액상 강철에 의해 젖지 않는다.

질화규소 기판의 적용사례를 분야별로 구분하여 세부적으로 살펴보면 다음과 같다.

- 열피로 특성이 요구되는 모듈

반도체 소자의 고출력화에 의해 전류밀도와 발열밀도가 증대하는 것에 대응하기 위해 일반적으로 파워모듈에 있어서 세라믹 기판의 열저항을 저감할 필요가 있다. 이를 위해 0.32mm 두께로 박판화한 알루미나 기판이나 70~170W/mK 정도로 열전도율을 향상시킨 질화알루미늄 기판이 사용되고 있다. 주로 파워모듈의 열피로 특성 향상을 꾀하는 고신뢰성화의 요구가 높아지는 상황 하에서 저열저항화를 양립시키기 위해 1990년대 중반부터 강도에 대한신뢰성이 높은 질화규소 기판의 적용이 시도되었다. 다음의 그림은 알루미나, 질화알루미늄 및 질화규소의 각종 세라믹 기판의 두께와 파워모듈 열저항의 관계를 나타낸다,

t=0.32mm 질화규소 기판의 열저항은 열전도율이 높은 질화알루미늄 기판이 t=0.635mm인 경우와 거의 동등하여 대체가 가능할 것으로 판단된다. 한편, 알루미나 기판과의 비교에서는 질화규소 기판을 적용할 경우 약 60% 정도의 열저항이 감소하는 것으로 나타났다.10)

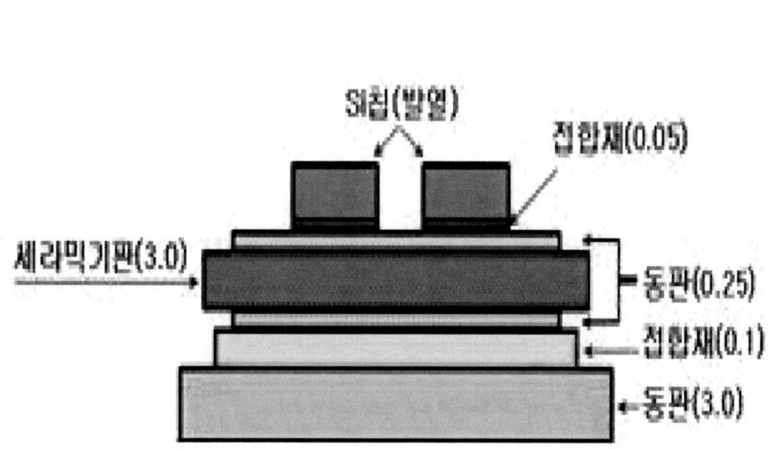

세라믹기판/동방열판 회로기판구조

10) 신소재경제신문

전술한 바와 같이 파워모듈의 방열성과 반도체 칩 단위면적당 전류밀도의 증가에 따라 방열 동판의 두께가 증가하는 경향이 있다. 그러나 이에 따라 필연적으로 세라믹기판/동판 접합단의 모서리 부분에 응력집중이 과대하게 발생하여 열피로 특성이 저하된다. -40oC와 +125oC의 반복 열응력(ΔT=165oC) 실험에서 종래의 질화알루미늄 동회로 기판에서는 t=0.3mm의 경우 내균열성은 1,000 사이클 이하이었다. 이와 비교하여 질화규소 동회로 기판은 t=0.3mm에서 0.6mm로 증가시킨 경우에도 HEV/EV에서 요구되는 3,000 사이클 이상의 내균열성을 나타내어 파워모듈의 신뢰성이 대폭 향상되었다. 이를 바탕으로 열피로 대응으로의 질화규소 기판의 적용은 최근 들어 급속히 확대되고 있다.

- 차세대 반도체 소자

파워모듈의 소형화·고출력화에 기인하여 정션온도(Tj)의 향상에 대응하는 반도체 소재 개발이 진행되고 있다. Si소자는 종래의 Tj=125oC에서 현재는 150oC 장치가 실용화되어 있고 175oC화로 개발이 진행되고 있다.

이와 더불어 차세대 반도체로 주목받고 있는 SiC소자와 GaN소자는 정션온도가 200oC를 상회하여 400oC 정도까지 높은 온도에서 사용이 가능한 것으로 알려져 있다. 이러한 차세대 반도체의 본격적인 실용화를 위해 파워모듈에 채용되는 절연기판의 온도 조건은 결국은 400oC 정도의 고온이 될 것으로 예상된다.

질화알루미늄 기판은 200oC 이상에서 절연저항의 저하가 현저하지만, 밴드 갭이 넓은 질화규소 기판은 400oC까지의 온도상승에 대한 절연저항 저하의 문제는 없는 것으로 판명되었다. 한편, Tj의 상승에 따라 전술한 열 사이클 시험조건은 한층 더 가혹해지는 경향이다. 예를 들어, -40oC와 +175oC의 열이력에 의해 ΔT를 215oC로 높인 열 사이클 실험의 결과, 질화알루미늄 동회로 기판(t=0.3mm)에서는 내균열성은 300 사이클 이하까지 감소한다. 반면에 동일한 두께의 질화규소 동회로 기판은 현재 1,000 사이클 정도의 내균열성이 확인되어 있고 3,000 사이클을 목표로 평가가 계속 이루어지고 있다.[11]

- 실장구조의 다양성이 요구되는 분야의 응용

질화규소 기판은 최대 휨변형량이 타 세라믹 기판의 1.5배 이상이다. 이러한 장점을 활용하여 하이브리드 전기자동차(HEV)에 탑재되는 PCU(Power Control Unit)에 있어서 반도체 소자의 상하 양면에서 발열시키기 위해 절연기판을 소자의 양면에 구비하여 다층 적층하는 구조에 있어서도 질화규소 기판이 활용되어 PCU의 소형화 및 고출력화에 기여하고 있다.

---

11) 출처: 신소재 경제신문

또한, 파워모듈의 생산성 및 접합신뢰성을 향상시키기 위해 동회로 기판 상에 전극단자를 직접 초음파접합 하는 사례가 증가하고 있다. 이 때 초음파접합 시의 충격에 의해 알루미나 기판 및 질화알루미늄 기판은 균열 발생의 위험이 노출되었지만, 강도 및 파괴인성이 상대적으로 우수한 질화규소 기판은 균열 발생이 억제되는 것이 확인되었다.[12)]

○ 질화규소 산업현황

현재 국내 질화규소 시장의 경우, 절삭공구와 내마모 부품 등의 시장이 주를 이루고 있으며 베어링, Rocker Arm Tip, Cam Roller 등 부품이 상용화되면 시장이 급속히 확대될 것으로 예상된다.

국내의 세라믹스 산업은 현재 자본력이 약한 중소기업에 의해 상당 부분 유지되고 있으나, 다행히 중소기업의 일부에서 과거의 저급 소재의 세라믹스 제품 생산을 탈피하고 고부가가치의 고급소재, 즉 질화규소를 위시한 비산화물계 세라믹스 제품의 생산을 시도하고 있다.

친환경 냉각소재는 최근 화석 연료 고갈과 지구 온난화 등 문제로 업계에서 큰 주목을 받는다. 그중 수동형 냉각 복사 소재는 장 적외선을 방출하면서 외부 전원 공급 없이 주변 온도를 낮춰준다. 이들은 대부분 태양 빛 반사를 위해 은색이나 흰색을 띠고 있다. 이 때문에 불필요한 광공해 문제가 지적된다. 게다가 딱딱한 물질로 이뤄져 평면 구조로만 제작할 수 있고, 활용 범위도 다소 제한적이다.

가시광선을 증폭해 색채를 표현하는 부분과 냉각을 위해 장 적외선 복사열을 방사하는 부분으로 구성된다. 색채 부분은 '은-이산화규소-은'으로 돼 있다. 절연체인 이산화규소층 두께를 조절하면 선택적으로 색을 구현할 수 있다. 아울러 질화규소와 이산화규소를 연속으로 쌓아 효과적인 열복사·냉각 기능을 확보했다. 해당 냉각소재를 스마트 워치에 붙이고 온도 변화를 살폈더니 38도를 넘지 않았다. 플렉서블 색채 냉각소재가 없는 스마트 워치가 50도까지 뜨거워지는 것과는 대조적이었다고 덧붙였다.

수백 나노미터의 얇은 두께 덕분에 유연 소재로 사용할 수 있으면서 광공해까지 해결할 수 있다며 시각 예술 등을 고려한 건물 외벽, 차량 외장재, 조형물 등에도 폭넓게 활용할 수 있을 것이라고 말했다.

---

12) 출처: 신소재경제신문

- 정밀기계용 질화규소

고성능의 기계를 구현하기 위하여 기계를 구성하는 부품은 점점 더 가혹한 환경에서의 운전에 견딜 수 있어야 한다. 정밀기계용 세라믹스는 파인세라믹스가 전통세라믹스와 구분되어 연구개발 및 생산되기 시작한 1960년대부터 구조세라믹스의 대표적인 응용분야로 자리매김하고 있다. 특히 내마모성이 요구되는 기계부품으로는 베어링 볼과 바디, 베어링 Roller 등 베어링 부품, 사도(thread guide) 등 섬유기계 부품, 씰(seal), 노즐 등 밸브/펌프 부품, 기타 벌목/제지/식품 기계용 내마모 부품 등이 있다.

이 중 산업규모면에서 가장 큰 것은 베어링 소재이며, 질화규소 베어링은 아직까지 철강에 비해 2-5배의 높은 가격을 형성하고 있지만 우수한 내마모성과 긴 수명으로 점차 시장을 확대하고 있다. 국내에서는 산업규모면에서 절삭공구 이상의 수요가 있는 것으로 판단된다.

- 절삭공구용 질화규소

절삭공구용 질화규소

소재의 발달에 의해 피가공재의 물성도 향상되고 있기 때문에, 이의 가공을 위한 공구재의 개선도 꾸준히 요구되어지고 있다. 국내 공작기계 산업은 중국, 일본, 미국, 독일에 이어 세계 5위의 규모로서 2006년 수입 25억5천만 달러, 수출 16억5천만 달러, 총 시장규모 4조8천억 원의 시장을 형성하고 있다. 절삭은 일반 선반에 의한 가공 뿐 아니라 톱질, 연삭(숫돌), 밀링, 슬로팅(Slotting), 드릴링, 줄다듬질 등을 포함하며, 이 때 쓰이는 바이트, 커터, 송곳, 끌, 줄, 브로치, 밀링커터, 드릴, 호브 등을 절삭공구라 한다. 1920년대부터 초경합금이 개발되어 현재까지 가장 광범위하게 실용화되어 있으며, 이후 기계적 특성이 탁월한 다양한 세라믹 절삭공구가 개발되었지만 현재까지 가격이 너무 높아 절삭공구 시장의 10% 수준만을 점유하고 있다. 이 중 질화규소계가 대세인 세라믹 절삭공구의 국내시장 규모는 2008년 기준으로 월 36만개 정도의 수요로 집계되어 연간 약 150억 원에 이르는 것으로 파악된다.

- 철강·비철 용탕용 질화규소

철강 제조 공정 중 세라믹 소재가 적용될 수 있는 공정은 용융, 정련 및 주조, 성형 및 마무리 공정 등으로 광범위하다. 특히, 원료분체(석회암, 코크스, 철광석 등)가 코크스로, 소결로, 고로(高爐), 전로(轉爐)등 주요설비로 대량으로 이송되므로, 각종 운송설비에 내마모 특성이 요구된다. 한편, 비철금속산업에서 주로 사용되는 세라믹 소재는 질화규소, 사이알론, 알루미나, 지르코니아, 탄화규소 들이며, 이들은 용해용 부재로 가장 많이 사용되며 압출다이 등으로도 응용된다. 4대 주요 비철금속은 생산량이 가장 많은 구리, 알루미늄, 아연, 납을 지칭하는데, 기계구조세라믹스는 이 중 대부분 알루미늄 용융 및 주조산업에 사용이 집중된다. 용해용 세라믹 부재로는 히터 보호관과 Riser tube, 갈고리, 용탕을 받는 바가지와 용기(Ladle and crucible), level 센서, 열전대 보호관, 슬리브, 필터 등이며 그림 4에 알루미늄 제조 공정에 사용되는 질화규소 제품과 사이알론 제품을 나타내었다. 그림에서 알 수 있듯이 용탕 관련의 제품은 대형 위주이기 때문에 성형 및 소성 공정을 위한 대형장비가 요구되며 국내에서는 산업의 기반이 없는 실정이다.

- 자동차 부품용 질화규소

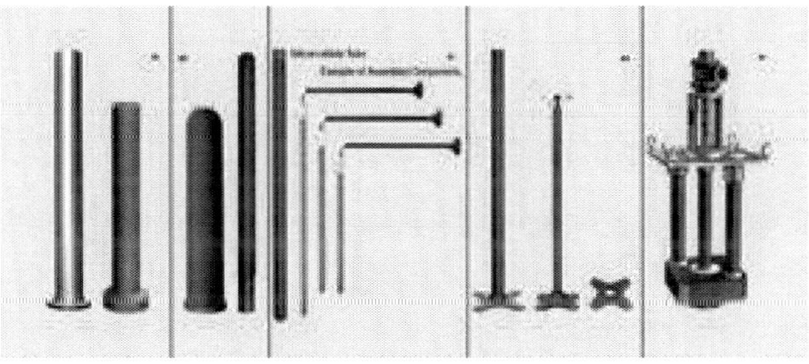

자동차부품용 질화규소

현재까지의 실용화는 주로 디젤엔진 부품이 주를 이루는데, 그 이유는 구조용 세라믹스 자체의 취성에 기인해 자동차 사고가 일어날 경우 운전자의 상해가 크게 유발되는 승용차보다는 운전자의 직접적인 상해가 크게 일어나지 않는 중대형 디젤 차량에로의 적용이 보다 안전하다는데서 찾을 수 있다. 무게가 가볍고 내열성과 내마모성이 높은 질화규소 세라믹스는 피스톤, 밸브, 로커아암, 터보챠저 등에 적용되어 자동차 엔진의 에너지효율을 높일 것으로 기대되고 있다. 현재까지 엔진 등에의 적용비율이 크지는 않으나 향후 유가 상승에 의해 가격경쟁력 문제가 해결된다면 그 적용 폭은 확대될 전망이다.

한편, 디젤엔진을 사용하는 경유자동차는 가솔린자동차에 비해 20%이상 열효율이 높아 연료절감효과를 보일 뿐만 아니라, 문제가 되고 있는 온난화 가스인 이산화탄소 배출량에 있어서도 약 10%에 불과하기 때문에 경제성·환경친화성이라는 관점에서 당연 주목을 받고 있다. 그러나 고효율과 환경친화성이라는 장점을 가진 디젤엔진이지만, 입자상물질(PM)과 질소산화물(NOx)의 배출량은 오히려 가솔린엔진에 비해 현저히 높기 때문에 실

용화를 위해서는 이의 저감을 위한 매연여과장치(DPF:Diesel Particulate Filter)의 장착이 필수적이다. DPF 장치용 필터를 원재료로 분류할 경우, 금속계와 세라믹계로 양분할 수 있으며 압출에 의해 하니컴(honeycomb)구조로 성형 가능한 세라믹계 필터가 주류를 이루고 있다[10,11]. 세라믹계 필터의 실용화 사례로, 코닝, NGK 등의 일부 다국적 기업에 의한 코오디어라이트(Cordierite)계 필터가 공급되어 있으나, 재생 시 이상고온현상에 의해 부분적으로 용융되어 채널이 막히는 문제를 노출하고 있다. 이를 개선하기 위해 고융점의 SiC 필터가 일본 Ibiden사에 의해 개발되어 프랑스의 푸조승용차(Peugeot 607)에 장착되어 양산에 성공하는 등 가장 광범위하게 적용되고 있다.

그러나 SiC 필터는 열충격 저항성이 낮아 일체형으로 제조하지 못하고 여러 조각으로 제조되어 조립과정을 거치고 있으며, 또한 고온소성을 요구하기 때문에 필연적으로 고가화 되는 한계를 나타내는 등, 열충격 특성 및 경제성에 있어 제고될 여지를 남기고 있어 질화규소에 의한 대체를 위한 연구가 진행되고 있다. 2011년 기준으로 DPF용 세라믹 필터의 국내시장 규모는 운행차의 경우 약 3,210억 원, 제작차의 경우 약 667억 원 추산된다.

우리나라에서 자동차, 정밀기계, 반도체/디스플레이 및 항공우주 관련의 산업은 향후 지속적인 성장이 예상되므로, 이들 산업의 장치설비와 소재 가공에 필요불가결한 고강도·고인성·내마모 특성의 질화규소 소재의 시장 규모 또한 이에 상응하는 확대가 예상된다. 소재 특성에 아울러 저비용화를 동시에 추구하는 반응소결질화규소의 실용화를 달성하기 위해서는 본문에서 언급한 "질화-후소결" 공정 이외에도 다음과 같은 분야의 지원이 뒷받침 되어야 한다.

첫째, 저비용화를 구현할 수 있는 양산화 성형공정으로는 사출성형, gelcasting, 분체 pressing 등이 적합하므로, 산업 현장에서는 이를 위한 슬러리 및 고립제조법의 확보가 요구된다. 둘째, 소결체 전체가 균일한 벌크 소재의 구조로써 고강도·고인성·내마모 성능의 동시 향상은 기대하기 어려우므로, 표면층의 개질에 의한 경사구조화의 기술 개발이 필요하다. 셋째, 각종 산업의 부품에 널리 적용되기 위해서는 제조 단가를 낮추는 것은 물론 소재의 신뢰성 향상이 중요한 변수가 된다. 반응소결법은 조성변수와 공정변수가 통상의 소결법과 비교하여 복잡하므로 이의 제어는 아직 완벽한 수준과는 거리가 있다고 할 수 있다. 따라서 일정한 수준의 특성을 재현성 있게 구현할 수 있기 위하여 전 공정의 표준화가 요구된다. 마지막으로, 현재 수입에 의존하고 있는 품목의 수입대체를 위해서는 연구기관의 성공적인 연구목표 달성과 병행하여 산업계에서의 연구 성과물의 적극적인 채택을 위한 정책적인 지원이 요구된다.

한편, 전통적인 치밀성 소결체에 아울러 다공성 소결체는 질화규소의 실용화를 위한 break through를 제공할 수 있을 것으로 전망된다. 한 예로써 초미의 관심사인 나노

PM의 포집을 고려한다면, 현재 기술의 세라믹 필터 소재는 "기공채널의 구조와 크기"라는 판단 기준에서 적합한 필터라고 할 수 없다. 기존 필터의 경우 기공크기가 상대적으로 조대하여 나노 크기의 PM을 제거하기에 적당하지 않음에 반해, 침상구조로 발달하는 질화규소의 미세구조 특성을 이용하여, 통기성과 포집성능을 동시에 극대화한 신개념의 필터개발이 가능할 것으로 기대된다. 분진배출과 관련하여 현재의 중량제어 위주에서 미래에 도입될 것이 확실한 수량제어에 대처가능한 차세대 필터로써 질화규소가 유망하다고 할 수 있다.

○ 질화규소 기술동향

해외 주요국의 질화규소 기술 개발 현황

구분	기술명	개발단계	개발내용	개발주체
원료분말	고순도/미분말화	상용화	결정화율 〉 99.5% 입자크기 서브마이크론에서 수마이크론 알파상 〉 95%	우베(일본)
벌크소결	고열전도도	연구	열전도도 177W/mK	AIST(일본)
		상용화	열전도도 70W/mK 3점 강도 700MPa	DKK(일본)
	고강도/고인성/내마모	상용화	가압소결, 베어링 기술 입자크기 〈2㎛ 4점 강도 806MPa	생고뱅(프랑스)
		상용화	가스압소결 강도 700MPa 인성 7MPam 응용금속공정응용	세라다인(미국)
		상용화	경도 Hv 1500 3점 강도 900MPa 인성 6.5~7MPam 고온하 고부하능 유지	토시바(일본)
	반응소결	상용화	강도 700MPa 인성 6MPam 자동차부품, 베어링 대형화	세라다인(미국)

3) 탄소복합재료[13)]

탄소 복합재는 흑연, 탄소섬유, 그래핀, 탄소나노튜브(CNT) 등 탄소 계열 물질을 필러로 사용하는 방열소재이다. 탄소 소재는 종류에 따라 열전도 특성이 다양한데, 예를 들어 흑연(graphite)은 면 방향으로 수백 W/m·K 이상의 매우 높은 열전도도를 보이며, 다이아몬드(탄소의 한 형태)는 2000 W/m·K에 달하는 최고 수준의 열전도율을 갖는다. 이러한 탄소 필러를 고분자에 혼합하면 높은 열전달 성능과 경량성을 동시에 노릴 수 있다. 실제로 스마트폰 등에 쓰이는 초박형 흑연 시트는 구리보다 가벼우면서 열을 빠르게 확산시켜 발열을 완화한다.

탄소 기반 방열소재의 기술 동향으로는 나노탄소의 활용이 주목된다. 그래핀과 탄소나노튜브는 원자 수준의 구조에서 열전도도가 탁월하지만, 이를 복합재에 균일 분산시키고 서로 연결된 열 전달 망을 형성하는 것이 난제이다. 최근에는 그래핀 표면처리로 폴리머와의 친화성을 높이거나, 나노튜브를 정렬하여 열 흐름 경로를 만드는 연구가 진행되고 있다. 이와 함께 탄소 필러는 전기 전도성이라는 단점이 있어 절연이 필요한 곳에는 직접 적용하기 어렵다. 이를 보완하기 위해 세라믹과 탄소 필러를 혼합하여 하이브리드 복합재를 만들거나, 탄소 필러에 절연 코팅을 입히는 방식도 쓰인다. 탄소 복합 방열소재는 현재 연구개발이 가장 활발한 분야로, 향후 그래핀 등의 신소재가 상용화됨에 따라 획기적인 성능 향상이 기대되고 있다.

탄소나노튜브는 3,000W/m.K 이상의 우수한 전기전도도 값을 가지고 큰 종횡비로 인해 소량의 첨가만으로 열전도도의 향상을 기대할 수 있다.

탄소섬유 및 탄소섬유 복합재료는 2014년 이래 연간 10~13% 성장하며, 미래 유망사업으로 부상하고 있다.

북미는 2024년까지 탄소섬유 복합재료 시장에서 우위를 점할 것으로 전망된다. 항공 · 우주산업이 발전함에 따라 탄소섬유 복합재료 산업도 동반 성장한다. 항공 · 우주산업의 강국인 미국은 탄소섬유 복합재료 산업에서도 우위를 계속해서 점유할 것으로 예상된다. 미국이 항공 · 우주 및 방위 분야에서 지속적인 연구개발 활동을 지속함에 따라 탄소섬유 산업의 수요는 향후 몇 년간 크게 증가할 것으로 전망된다. 유럽은 활발한 군용기 제조 산업 덕분에 항공 · 우주 분야에서 높은 시장 점유율을 차지할 것으로 예상된다. 또한, 이탈리아와 독일의 고급 자동차 산업은 탄소섬유 복합재료 산업을 강화시키는 동력이 될 것으로 예상된다.

아시아 태평양 지역은 동 예측 기간 동안 12% 이상 성장할 것으로 전망된다. 자동차 산

13) 방열소재 및 방열접착 기술시장 동향 및 사업화 이슈분석, KISTI

업의 발전과 항공산업에 대한 투자는 탄소섬유 복합재료 산업의 성장을 촉진할 것이다. 일례로, 향후 20년간 인도는 군용 항공부문에 약 350억 달러를 투자할 계획이다. 군용 및 상업용 항공·우주분야의 성장은 탄소섬유 복합재료 부문의 성장을 촉진시킬 것으로 보인다. 또, 전 세계 항공 여객의 증가로, 상업용 항공기 분야에서의 탄소섬유 수요가 확대될 것으로 기대된다. 이러한 추세는 향후 8년 동안 탄소섬유 복합재료 산업의 위상을 높이는 데 기여할 것으로 예상된다.

2016년 자동차 산업은 20% 이상에 상당한 점유율과 25,000톤의 수요를 기록한다. 탄소섬유 매트릭스 재료의 높은 생산 효율성은 자동차 산업에서 원가를 절감시키는 주 요인으로 이로 인해, 향후 몇 년 내 중산층의 차에도 사용될 수 있다. 하이브리드 스포츠카에도 탄소 복합재료를 사용하고 있다. 2015년, BMW의 i3 24,000대와 i8 5,500대가 판매되어 탄소섬유 복합재료 산업이 크게 성장하고 있다.

풍력 터빈 복합재 시장은 2016년부터 연평균 9.28% 성장하여 2021년에는 121억 7백만불에 달할 것으로 예상된다. 풍력 터빈용 탄소섬유에 대한 수요 증가와 재생 에너지에 대한 수요 증가는 탄소섬유 복합재료 시장의 성장을 촉진시킬 것으로 예상된다.

탄소섬유의 고강도, 고모듈러스 및 경량성은 스포츠 용품의 성능을 높인다. 골프채, 라켓, 스키, 스노우보드, 하키 스틱, 낚싯대, 야구방망이 및 자전거는 탄소섬유 강화재를 통해 발전되어 왔으며, 앞으로도 스포츠분야를 더욱 발전시킬 수 있다. 스포츠 제품에 탄소섬유를 사용하는 이유는 경량성과 내구성뿐만아니라, 특수한 용도로 설계할 때에도 제약이 없기 때문이다. 스포츠 및 레저산업에서의 탄소섬유 복합재료에 대한 수요는 2016년 15,000톤에서 2022년 21,000톤으로 증가할 것으로 전망된다.

의족용 탄소섬유 복합재료의 소비가 증가하고 있다. 의족용 탄소섬유 복합재료 사용 증가는 또한, 탄소섬유 복합재료 시장의 성장 동력 중 하나이다. 미국 및 유럽 기업들은 사용자의 요구를 충족시키기 위해 의족용 탄소섬유 복합재료 연구 및 개발에 투자하고 있다. 이러한 투자가 탄소섬유 복합재료 시장을 성장시킬 것으로 기대된다.

현재 연간 약 24,000톤의 폐 탄소섬유가 발생되고 있으며, 산업의 확장으로 인해 2021년에는 32,000톤까지 증가할 것으로 예상된다. 탄소섬유(특히 수지가 함침된 것)의 Recycling이 큰 과제이다. Recycle된 탄소섬유는 일반 탄소섬유보다 제조시 10%의 에너지 절감효과가 있기 때문에 환경 문제를 줄일 수 있다.

탄소 복합소재를 이용한 다양한 방열 응용부품 및 활용제품

□ 그라파이트

○ 그라파이트 개념과 특성14)

그라파이트 생산과정

그라파이트(Graphite, 그래파이트, 흑연)는 탄소의 일종으로 탄소는 고온에서 생산되는데 이러한 탄소를 한 번 더 고온에서 태운 것을 그라파이트라고 한다(예: 광물을 1000~2000℃ 가열 → 탄소를 2000~3000℃가열 → 그라파이트) 일반 탄소에 비해 고온에서 생산되었기 때문에 열에 강하고 탄성도 뛰어난 특성을 갖고 있다. 그라파이트는 방열소재 외에도 배트민튼 라켓, 낚싯대, 골프채 등 스포츠 용품에도 사용된다. 그라파이트 방열시트가 나오기 전에는 대부분 열전도성이 좋은 은, 구리, 알루미늄 금속을 이용해 방열시트로 사용해 왔다. 그라파이트는 이러한 금속들 보다 뛰어난 열전도성을 갖고 있어 내부에 있는 열을 외부로 방출하는 특성이 우수하다.

14) Display/Mobile용 Graphite 방열시트 특허동향

그라파이트의 열전도 특성

- 면 방향의 열전도율이 알루미늄, 구리 보다 뛰어남 (면 방향의 열 확산성은 구리의 3배 이상)
- 두께 방향의 열전도율은 실리콘 제품 보다 높음
- 면 전체 균일하게 열을 확산하므로 시트 전체가 고온 또는 저온으로 됨

구분	은	동	알루미늄	그라파이트
열전도율 (W/mK)	400	390	230	500

그라파이트시트의 열전도 특성

전자제품의 열 냉각 방법으로는 히트싱크나 방열팬을 설치하는 방법이 사용되었으나, 히트싱크의 경우에는 전자제품에서 발생하는 열량보다 히트싱크가 방출할 수 있는 열량이 작아 방열 효율이 매우 낮다. 또한, 방열팬의 경우에는 소음과 진동을 발생하며 노트북 컴퓨터, 휴대용 이동단말기 등과 같이 경량화와 슬림화가 요구되고 있는 제품에는 적용할 수 없는 문제점이 있다.

따라서 경량화와 슬림화가 요구되는 전자제품 등에는 시트(sheet) 상의 방열 시트를 사용하는 것이 일반적이다. 최근 들어 경량이고 슬림하면서도 열전도 등의 특성이 우수한 그라파이트 시트(Graphite Sheet)가 업계에서 각광받고 있다. 기존의 방열시트의 경우 종방향의 방열위주였다면 그라파이트 시트의 경우 횡방향의 방열특성을 함께 가지고 있기 때문에 열전도 효율이 더 높다.

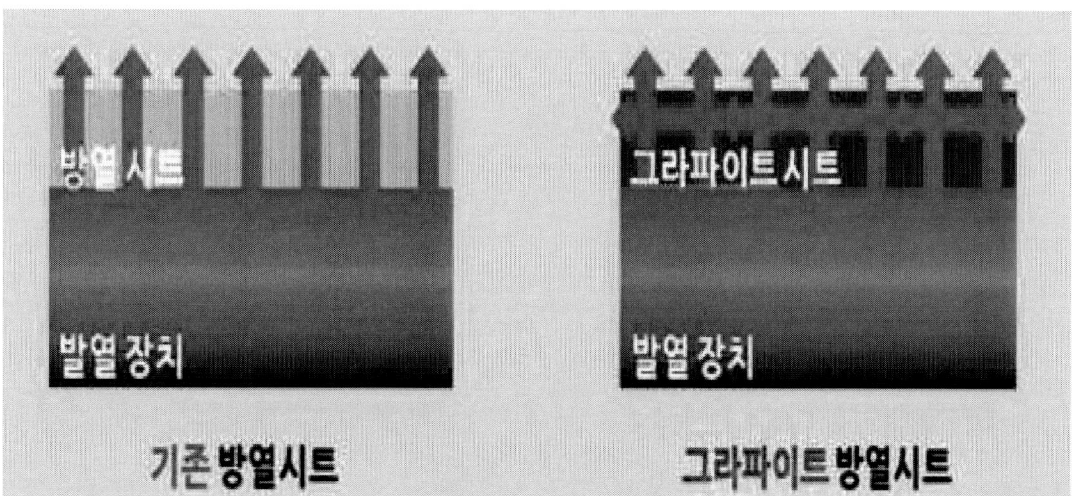

그라파이트의 열전도방향

그라파이트 방열시장에서 신기술 제품으로 본격적으로 성과를 내고 있다. 복합방열시트는 순수 국내기술로 수 년의 연구 끝에 새로운 방열소재를 이용, 개발해 상품화했다. 국내 특허는 물론 세계 시장 진출을 위해 국제특허 PCT까지 출원한 상태이다. 이미 보정작업까지 완료된 상태이어서 곧 등록될 것으로 회사 측은 기대하고 있다. 최근 정보기술(IT)제품들은 더욱 작아지고 더욱 얇아지며 더욱 고성능을 요구하고 있다. 많은 기업들은 제품을 설계함에 있어 제품에서 발생하는 열을 어떻게 처리할 것인가가 늘 핫이슈이다. 박막이면서 효율적으로 열을 분산시키는 소재로 각광을 받는 소재가 바로 그라파이트(Graphite), 즉 흑연이 열 문제 해결의 주인공을 부상하고 있다. 실제 그라파이트 총 시장 규모는 연 15~22조이며 년간 7~12%씩 안정적으로 성장하고 있다.

그라파이트시트 시장은 통상 인조(Artificial)와 천연그라파이트(Natural Graphite)시트로 나뉘는데 인조그라파이트시트는 스마트폰에 천연그라파이트는 TV에 주로 적용 된다.

인조그라파이트는 성능이 우수한 반면 가격장벽이 높고, 천연그라파이트는 상대적으로 저가인 반면 미국의 'G사'가 특허로 시장을 독점해 왔었다. 그동안 많은 업체들이 특허를 피해 시장에 진입하고자 노력하였으나 번번히 실패하였다. 따라서 특허문제는 천연그라파이트시트 시장에서 아주 뜨거운 감자이다.

복합방열시트는 국내 유명 가전 업체의 2018년 TV 신모델에 채택됐다. 지난 약 1년여 기간동안 특허문제, 성능문제 등을 검토한 끝에 지난 2월부터 제품에 적용, 양산을 시작한 것이다. 이를 바탕으로 타 업체, 타 분야로의 영업을 확대해 나가고 있다. 특히 대만과 중국 및 일본 등 세계 유수의 전자 회사에 공급을 위한 협의를 하고 있다.

그라파이트시트는 스마트폰과 TV, 노트북, 태블릿 PC 등 디스플레이 장치의 열 분산 부분은 물론이고 리듐 배터리, 자동차 헤드라이트, 통신중계기, 각종 모터장치 등의 열 분산에 매우 적합한 소재이다. 인동전자에서 개발 상품화한 복합방열시트 역시 그라파이트시트의 특성을 더욱 강화한 소재로 박막이면서 열을 분산시켜야 하는 제품에 최적으로 사용할 수 있다. 개발된 소재 및 가공기술을 바탕으로 천연그라파이트 시장을 넘어서 인조그라파이트 시장을 대체할 제품을 개발 중이다. 최종 개발이 완료 된다면 대부분 수입에 의존하던 인조그라파이트시트의 일부를 국산화함은 물론 해외수출의 계기가 될 것으로 전망된다.

복합방열시트에는 산업폐기물을 재가공한 소재가 주요성분으로 사용되었으며 이는 창의적인 발상으로 독자기술을 만들어낸 결과의 산물이라며 산업 폐기물을 재가공하여 환경오염을 줄이는 한편 새로운 시장을 창출하는 교두보가 되었다고 밝혔다.

○ 그라파이트 응용분야

그라파이트(Graphite) 방열시트는 천연흑연, 인조흑연, 그래핀 등 다양한 형태의 소재 개발이 이루어지고 있고, 방열시트와 전자파 흡수/차폐 시트를 한 장으로 구현한 제품도 공개되고 있다. 한편, 관련 소재의 경우 그라프텍 등 글로벌 제조사가 특허를 보유하고 있어 시장진입 장벽의 잠재요인으로 작용하고 있다.

그라파이트 시트의 종류		
구분	**인공흑연 시트**	**천연흑연 시트**
장단점	▪ 장정: 방열 성능이 좋고 80미크론 이하의 막 제조 가능 ▪ 단점: 소결로 제조/양산이 어렵고, 고가격	▪ 장점: 양산성 좋음 (Roll 형상가능), 가격저렴 ▪ 단점: 방열특성이 인공흑연 시트에 비해 떨어지며, 분말을 굳혀 만들기 때문에 분진이 발생할 가능성이 있음
제품사례	▪ PGS(Pyrolytic Graphite Sheet) - PI 폴리머를 원재료로 제작된 인조흑연으로 열확산율 -1,000W/mK 이상 이며 전자파 차폐 기능도 보유  	▪ 고순도 천연 흑연을 시트에 가공해서 제조함 - 도전성과 분진 발생 가능성 때문에 보호막 붙여 사용  

그라파이트 시트의 종류

천연 그라파이트를 원료로 한 방열시트는 미국의 그라프텍이 세계 시장을 리딩하고 있으며, 인공 그라파이트 방열시트는 일본의 Panasonic이 중심이 되어 제조되고 있다. 그라프텍(eGRAF®), 파나소닉(PGS®), 가네카(GRAPHINITY®) 등 주요사의 제품 현황은 다음과 같다.

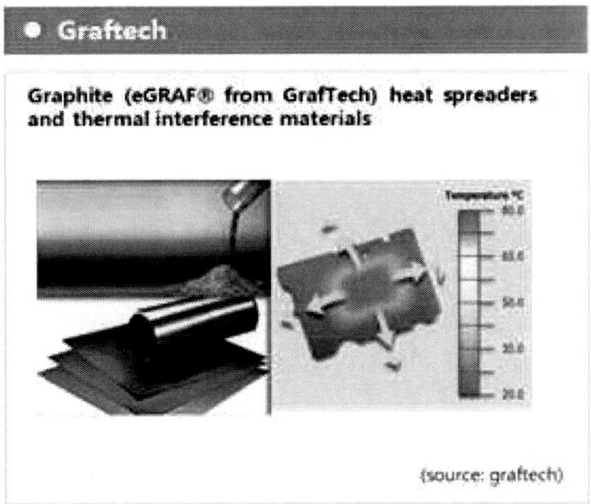

그라프텍의 그라파이트시트

• 그라프텍(eGRAF®): 뛰어난 열 전도성을 가진 재료이며, 결정 구조에서 열전도에 이방성이 있어 면 방향에는 두께 방향에 비해 최대 300배의 열전도율 가지고 있다. eGRAF는 열을 전도하는 방향으로 2종류의 등급으로 분류된다(HITHERM™, SPREADER SHIELD™).

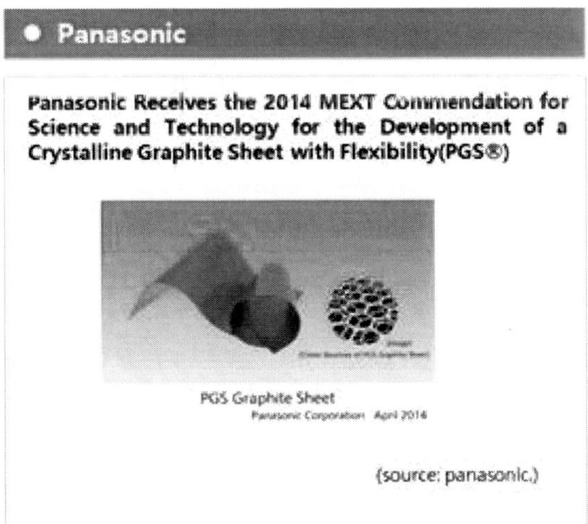

PGS 그라파이트 시트

• 파나소닉(PGS®): PGS 그라파이트 시트는 고분자 필름을 열분해에 의해 흑연화하는 방법으로 만들어진다. 단결정에 가까운 구조를 가지며 고배향성 흑연으로 높은 열 전도성과 유연성 등의 특징을 가진 열 전도시트이다.

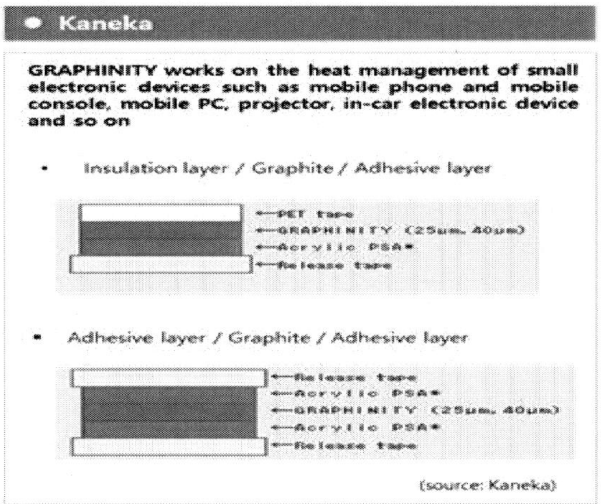

가네카의 그라파이트 시트

- 가네카(GRAPHINITY®): 고분자 설계기술과 고온에서의 소성기술을 기반으로 개발된 초고열 전도 그라파이트 시트이며, 고성능 히트 스프레더로 유용하다(면 방향 높은 열전도율).

최근 고효율 방열시트는 다양한 부품 영역에 확대 적용되고 있는데, 디스플레이 산업에서는 디스플레이의 초대형·초고화질(UHD)로 빠르게 발전하면서 도광판은 물론 다른 전력관리 부품에서도 온도 관리의 중요성이 높아졌으며, 이동통신 단말기에서는 본체 슬림화 및 고사양 AP(Application Processor)의 사용 등으로 인하여 발열문제가 점점 대두되고 있어 고효율 그라파이트 방열시트 적용이 확대되고 있다.

국내에서는 스마트폰 제조사들을 중심으로 그라파이트 방열시트 적용이 확대되면서 관련 시장 주도권을 잡기 위한 국내외 업체 간 경쟁이 이미 치열해 지고 있다. 특히 중국 업체들은 한국 내 수요를 확보하기 위해 노력이 활발히 진행되고 있는데, 중국의 방열시트 생산업체인 탄유엔(Tanyuan)이 삼성전자뿐만 아니라 국내 다른 제조업체에도 특허 침해 관련 공문을 보낸 것으로 알려졌다.

○ 그라파이트 특허동향

"디스플레이/모바일용 그라파이트 방열시트"에 관한 특허를 선별하여 특허출원동향 및 핵심특허 총 267건(한국특허 110건, 미국특허 111건, 중국특허 46건)을 분석한 결과 2011년부터 특허출원이 급증하고 있었다. 이는 모바일 기기가 고성능화되면서 방열에 대한 이슈가 시장의 관심사로 대두되고 있음을 보여주는 현상이라 할 수 있다.

● 전체 특허출원 동향 (267건, 한국/미국/중국 특허)

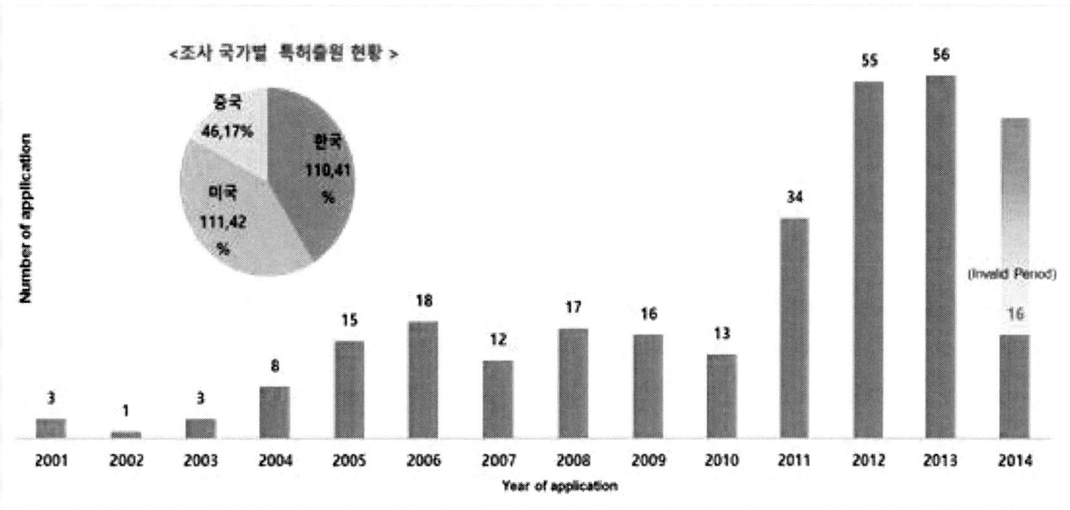

그라파이트 특허출원 동향

특허조사/분석 작업은 시장의 중심에 있는 한국특허, 업계 1위의 그라프텍(Graftech)이 포진하고 있는 미국특허, 그리고 경쟁이 치열한 중국 그라파이트 업체(탄유엔, 기타)의 중국특허를 대상으로 '특허동향 및 핵심특허사례 분석'을 실시하였다. 특히, 한국특허의 경우에는 특허분석 대상기술을 그라파이트 방열소재(시트), 방열부재, 방열시트의 디스플레이 응용 특허로 구분하여 분석하였다.

한국에 출원한 특허들 중에서 디스플레이/모바일용 그라파이트 방열시트에 관련된 총 110건(39개사)의 특허를 선별하여 출원 년도별, 출원인 국적별 및 기술 분야별 현황을 살펴 본 결과, 주로 한국, 일본, 미국, 대만 업체들이 출원한 것으로 나타났다.

● 한국 특허출원 동향 (출원인 국적별/기술분야별)

기술분야	출원인 국적				합계	비고
	한국	일본	미국	대만		
방열소재 (시트)	32	17	2	-	51건	그라파이트 시트/필름, 열확산 시트, 복합시트 등
방열부재	4	3	7	1	15건	인쇄회로기판, 열 확산기, 열전도 소자, 방열구조체 등
디스플레이 응용	38	2	4	-	44건	모바일 단말기, OLED, LED, LCD 등
합계	74건	22건	13건	1건	110건	

한국 특허출원동향

세계시장 점유율 1위 업체인 미국의 그라프텍은 2008년~2012년에 한국의 지앤씨에스(G&CS), 그리고 미국과 대만 업체를 상대로 그라파이트 방열시트 제품에 관한 미국특허 침해소송을 제기한 바 있다. 최근, 중국의 탄유엔(Tanyuan)은 상성전자 등 국내 제조업체를 상대로 "중국 업체 대부분이 자사 특허 기술을 침해했다"는 특허이슈를 제기한 것으로 알려졌다. 이처럼 그라파이트 방열시트 관련 특허는 새로운 쟁점 분야 중 하나로 떠오르고 있는 만큼 국내업체의 철저한 대비가 필요하다고 생각된다.

□ 탄소나노튜브(CNT)

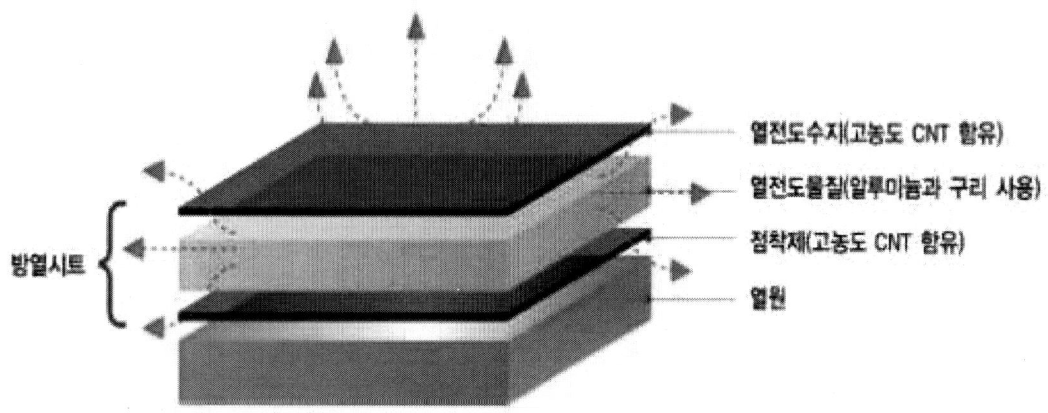

방열시트의 구조

○ 탄소나노튜브의 정의

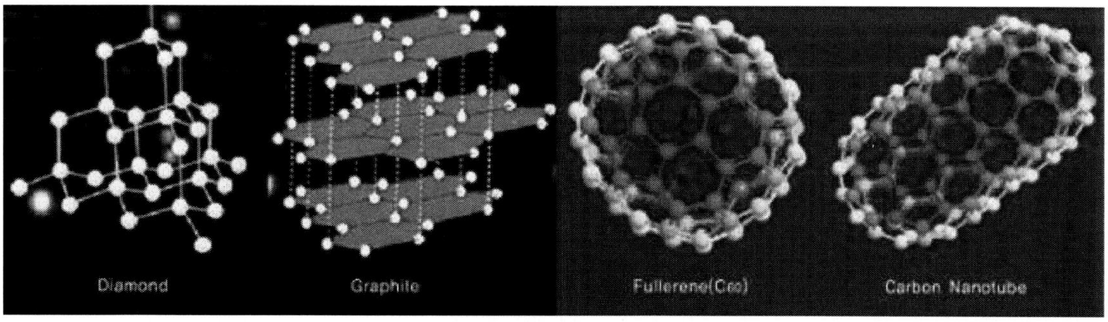

탄소나노큐브 구조

탄소나노튜브는 탄소 6개로 이루어진 육각형들이 서로 연결되어 관 모양을 이루고 있으며, 관의 지름이 수십 나노미터에 불과하여 탄소 나노튜브라고 명명되었다.

- 육각형의 벌집무늬로 결합된 탄소 원자가 튜브형태를 구성
- 튜브의 직경이 nm수준
- 반도체, 평판 디스플레이, 배터리, 초강력 섬유 및 바이오센서 등에 사용

- 형태가 약간만 바뀌어도 전기적 성질이 크게 바뀌는 등 시간이 지나면서 여러 가지 한계가 나타남

○ 탄소나노튜브의 특성

탄소나노튜브는 탄소원자로 이루어진 그물망의 튜브 형태 구조체로 나노미터 크기의 직경을 가지고 있는 소재다. 1991년 일본 NEC의 이지마 박사가 풀러렌 연구 중 우연히 발견해 발표함으로써 주목받기 시작했다. 이후 합성법과 응용 가능성을 중심으로 연구가 활발히 이루어져 왔다. CNT에 대한 합성법이나 물성 등에 대한 내용은 이미 많이 알려져 있다. CNT는 형태에 따라 홑겹(Singlewall), 두겹(Double wall), 다중겹(Multi wall)나노튜브 등으로 나뉘고 그물망의 구조에 따라 암체어(Armchair), 지그재그(Zigzag), 카이랄(Chiral)등으로 구분된다. CNT의 그물망 형태에 따라 금속이나 반도체의 특성을 가진다.

- 우수한 전기/열 전도체
- 높은 직경/길이 비(Aspect Ratio)를 가지는 섬유상 물질
- 그래파이트 결정구조를 바탕으로 한 고강도/고탄성 소재
- 나노 구조에 의한 높은 비표면석
- 탄소로 이루어진 경량, 친환경 소재

탄소 나노튜브의 특성

항목	물성	비고
겉보기밀도	0.02 ~ 0.05 g/cc	-
직경-길이 비	10^3 ~ 10^4	-
탄성률	1-2 TPa	강철의 7배
인장 강도	30-180 GPa	강철의 100배
전기전도도	6000 S/cm	구리선의 1000배
비표면적	up to 200m 2/g	-
열전도도	6000W/m-K	다이아몬드의 2배

○ 탄소나노튜브 응용분야

CNT는 알려진 대로 우수한 물성으로 인해 매우 다양한 수요 제품에 대한 적용 가능성으로 주목받아 왔다. 디스플레이 소재를 비롯해 수소 저장, 2차전지 음극재, 제품 하우

징 소재, 투명전도필름 등을 예로 들 수 있다.

탄소나노튜브 복합소재는 현재 국내·외 기업들의 전자소자 대전방지 및 정전기분산용 플라스틱을 시작으로, 휴대폰케이스와 자동차전자제어케이스 등의 적용을 위해 전자파차폐 및 방열특성을 보유한 플라스틱, 자동차와 선박 및 비행기 등에 사용되는 경량 고강도 플라스틱에도 사용된다.

탄소나노튜브 복합체의 경우 2020년에는 약 9,500톤의 생산이 전망되며 응용분야로는 현재 대전방지, 정전기분산 등의 전기전도성 복합체 시장이 가장 활성화되어 있으며 리튬이온전지 첨가재로의 사용도 증가할 것이다. 또한 콘크리트 강화 및 방열용으로 응용 가능성이 충분하다.[15]

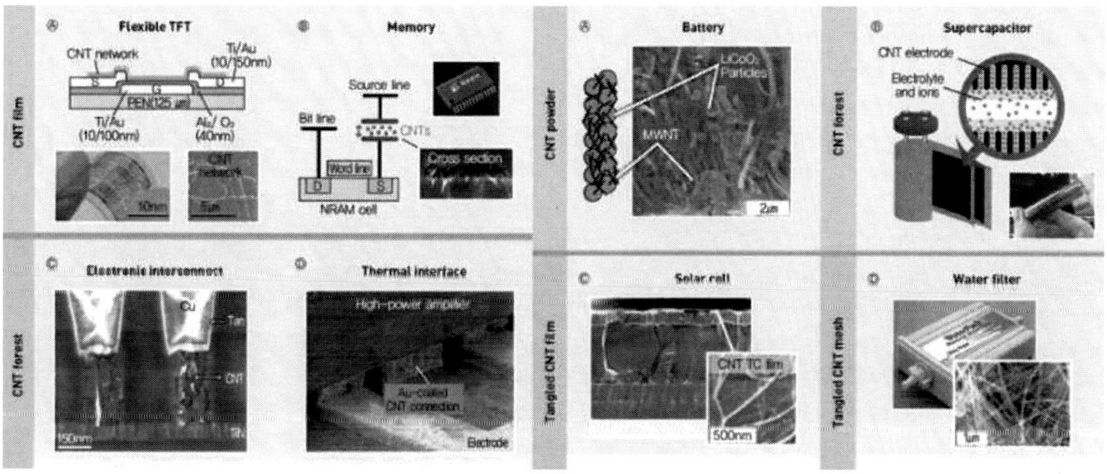

전자, 에너지 및 환경분야에서의 CNT적용 연구개발 사례

나노 신소재로 주목받고 있는 탄소나노튜브(CNT) 상용화 시대가 본격 개막했다. ㎏당 가격이 3000만원대로 떨어지면서 가격 장벽도 서서히 무너지고 있다. 전기자동차용 배터리는 CNT 일본 도쿄 빅사이트에서 열린 있는 세계 최대 나노기술 전시회 '나노테크 2019'에서는 CNT 상용 제품이 대거 출품됐다. CNT 양산 기술이 발전하고 단가가 떨어지면서 여러 산업 분야에서 응용될 가능성이 커졌다는 의미로 풀이된다.

일본 신에너지개발기구(NEDO)는 계면활성제를 사용하지 않고 나노 입자를 사용해 CNT를 안정적으로 분산시키는 기술을 개발했다. 일본 제온과 러시아 옥시알은 단일벽 탄소나노튜브(SWCNT) 기술을 소개했다. 국내 기업 가운데에는 제이오가 SWCNT만큼 성능을 내면서도 가격은 다중벽탄소나노튜브(MWCNT)와 경쟁할 수 있는 박벽(TW) CNT를 출품했다.

15) 산업뉴스, 2014.1.7

과거 톤당 2억~3억원에 호가하던 CNT 가격이 3000만~4000만원 수준으로 떨어지면서 실용화 가능성이 높아지고, 구매 수요도 많아지고 있다면서 배터리 분야에서 활용도가 높아지고, 중국에서는 자동차 경량화 소재로 CNT 관심이 크다고 전했다.

그래핀 역시 활용 분야가 넓어지고 있다. 스페인 그래피나는 그래핀을 소재로 사용하는 센서 파운드리서비스 지팹(GFAB)을 소개했다. 그래핀은 표면적이 넓기 때문에 센서에 적용하면 검지 범위가 넓어지는 장점이 있다.

나노기술 핵심 응용 분야로는 리튬이온 배터리가 크게 주목받았다. CNT는 양극재와 음극재에 도전재로 쓰여 배터리 성능을 향상시킨다. 나노 실리콘 소재는 음극재를 첨가하면 충전 성능과 주행 거리 개선에 도움을 준다. 국내 기업 테라테크노스는 이차전지 음극재용 실리콘산화물(SiOX)을 선보였다.

나노 소재 응용·양산 기술인 나노임프린팅, 분산, 컴파운딩 기술도 고도화되고 있다. 도레이와 아사히카세이는 이를 활용한 투명전극필름과 발열 소재를 선보였다. 정보통신기술(ICT)을 활용한 물질소재개발정보체계(MI) 기술도 주목받고 있다. 일본 NEC는 인공지능(AI)을 활용한 MI 알고리즘을 소개했다. NIMS, AIST 등 일본 국책 연구기관도 기업과 연계해 MI를 나노 소재 개발에 활용하고 있다.

마쓰이 다카히로 나노테크 조직위 사무국장은 "환경오염이 사회적 문제가 대두되면서 각국이 전기차 전환을 서두르는 가운데 핵심 부품인 배터리 성능을 높이기 위해 나노기술이 필수"라면서 "나노 소재를 개발하는 연구자가 자료를 모으고 분석하는 시간이 오래 걸려 AI를 활용, 방대한 데이터를 분석하는 MI 분야도 주목받고 있다"고 말했다.

- LED에 사용되는 탄소나노튜브 방열소재

탄소나노튜브 복합소재 시장은 LED산업, 자동차산업, IC 및 통신 가전산업과 함께 동반성장할 것으로 예상됨에 따라 각각의 시장동향을 주시할 필요가 있다. 2011년 Fuji Chimera Research Institute에서 발표된 LED 관련 시장조사보고서에서는 열가소성압출패키지 소재의 세계시장이 2020년 9,282억 원에 달할 것으로 예상하기도 했다.

세계 LED 시장은 현재 고성장을 기록하고 있는 가운데 니치아 화학, 오스람, 스탠리, 애질런트, 루미레즈, 에버라이트, 도요타고세이 등 일본과 미국, 유럽의 업체들이 강세를 보이고 있다. 전통적으로 니치아를 비롯해 도요타고세이, 크리, 오스람, 필립스, 루미레즈 등 선진업체들이 주도해 온 전 세계 백색 LED 시장은 2006년부터 한국, 대만 등 신흥기업들이 등장하면서 세계적으로 35% 이상 시장점유율을 보였으며, 현재 가격형성에도 큰 영향을 미치고 있는 것으로 나타났다.

2008년 조명 세계 시장은 1천억 달러 규모로, 백열등과 형광등이 대부분을 차지했다. 이들 조명에 의한 소비 전력은 2조 1,000억 kWh, CO2 연간 배출량은 17억 톤에 이르는 것으로 집계됐다. 2015년까지 국내 조명의 약 30%를 LED 조명으로 교체할 경우, 매년 약 160억 kWh의 전력 절감과 약 680만 톤의 CO2 저감이 기대되는데, 이는 100만 kW급 원자력 발전소 2기의 전력 생산량에 해당한다. 미국 광산업협회에 따르면 LED 조명 산업은 2015년 463억 달러 규모로 연평균 45% 고성장하여 2015년 28% 비중으로 확대될 것으로 전망하고 있다.

한편, 전자파 차폐를 향한 탄소나노튜브 복합소재 세계 전자파 차폐시장은 2012년 약 51억 달러에서 2018년 약 60억 달러로 연평균 복합성장률(CAGR) 2.9% 성장이 예상된다.

전도성 복합소재 시장은 기계부품, 자동차 부품, 통신기기 부품, 의료기기 부품, 전기전자 부품의 증가로 인해 다양한 제품군에 적용 되고 있으며, 그 분야도 확대되어 가는 중이다.

세계 전자파 차폐시장은 전도층, 금속 캐비닛, 전도성 플라스틱, 라미테이트/테이프/호일 등으로 분류되는데, 이중 전도층 방식의 세계시장 규모는 2013년 약 7억 7,600만 달러로 예상되며, 2018년 약 21억 달러로 증가가 전망된다.[16]

- 에너지 절감을 위한 자동차부품용 탄소나노튜브 복합소재

탄소나노튜브 복합체의 자동차 부품의 적용가능 분야로는 플라스틱 Fender, 연료필터 하우징, 엔진커버, ECU 하우징 등이 대두되고 있다.

세계 자동차 시장은 2015년 8,600만 대에서 2020년 9,400만 대로 증가할 것으로 보이며, 국내시장의 경우 475만 대(2015년)에서 519만 대(2020년)로 증가할 예정이다. 높은 방열특성 및 전자파 차폐특성을 보유한 탄소나노튜브 복합체는 자동차 전자제어부품(ECU)에 채용이 가능하다.

특히, 최근에는 온실가스 배출량 감축 유가상승 및 환경규제 강화 등에 효과적으로 대응하기 위한 친환경 자동차에 관심이 집중되고 있으며 2000년 중반부터 미국, 일본 등에서 전기자동차를 중심으로 시장이 본격 형성되기 시작했다. 전 세계 CO2 발생량의 약 20% 정도를 차지하는 수송용 에너지원을 화석연료로부터 전기에너지로 전환시킴으로써 대기환경을 개선함과 동시에 차량의 운행효율도 향상시킬 수 있는 전기자동차 시장이 2010년 이후 급격히 확대되고 있는 것이다. 완성차업체를 비롯한 관련업계는 기존의 내

16) 산업뉴스, 2014.1.7

연기관 자동차에서 고효율 친환경차로의 패러다임 변화에 발맞추어 기술개발에 전력하고 있으며 이는 향후 세계 자동차시장 전체의 판도 변화에도 영향을 미칠 것으로 전망된다.

이 시장을 선점하고 경쟁력 확보를 위해 미국, 일본 등 선진국은 이미 핵심부품 및 시스템 개발을 중점적으로 지원하고 있으며, 2015년 이후 강화된 규제에 대처하고 시장에서 경쟁력을 유지하기 위해 세계 각국에서 활발한 투자 및 기술개발이 진행되고 있다.[17]

○ 탄소나노튜브 시장현황 및 전망[18]

최근 탄소나노튜브는 차세대 산업혁명을 일으킬 엄청난 잠재력을 지닌 가장 중요한 나노물질 중 하나로 부상하고 있다. 탄소나노튜브의 독특하고 우수한 물성들은 전자기기, 화학/전기화학 및 바이오센서, 트랜지스터, 2차전지, 백색평면광원, x-ray 튜브, 정전기 방지 및 고강도 복합소재 등에서 많은 응용이 예상된다. 탄소나노튜브를 이용해 만들어진 일부 제품은 이미 시장에서 판매되고 있는데, 예를 들면 테니스 및 배드민턴 라켓, 골프 클럽, 서프보드, 아이스하키 스틱, 대중교통 연료 시스템, 배터리 전극 첨가제, 플라스틱 첨가제 및 마스터배치 등이 있다.

또한 PC(polycarbonate)·PEI(Polyetherimide)·PEEK(Polyetheretherketone)와 같은 엔지니어링 및 특수 열가소성수지에 탄소나노튜브를 넣어 만든 복합소재는 컴퓨터 칩과 하드 드라이브를 생산하는 청정룸에서 사용되고 있다.

현재 탄소나노튜브는 전 세계적으로 전체 나노재료 수요 중 28%의 시장을 점유하고 있다. 아시아-태평양권을 선두로 북미 및 유럽연합이 그 뒤를 잇고 있다.[19]

용도별 시장 점유율은 고분자 복합소재가 4억7,290만 달러(69%)로 가장 크며, 전자소재 6,850만 달러(10%), 에너지소재 5,480만 달러(8%) 순이다. 2010년 세계 생산설비규모는 2,500톤이며 2016년에는 1만2,800톤까지 성장할 것으로 예상된다. 생산설비의 비중은 아시아에 44.2%, 북미 29.2%, 유럽 24.0%, 기타 2.6%다.

탄소나노튜브는 아직 발전 초기 단계로서 소규모 시장이나 미래형 첨단제품에 쓰이는 핵심적인 대안소재의 후보다. 현재 LCD 디스플레이, 태양전지, 터치스크린 및 유기발광다이오드(OLED)에 사용되고 있는 잘 깨지면서도 비싼 ITO를 유연하고 기계적으로도 강한 탄소나노튜브 기반의 필름으로 대체할 수 있다.

---
17) 산업뉴스, 2014.1.7
18) 오토모티브리포트, 2013.11.28

자동차 시장에서도 탄소나노튜브는 정전기 방지용으로 카본 블랙을 대체할 물질로 주목받고 있다. 또한 전도성 및 열 분야에서 플라스틱(자동차 및 구조재료) 및 복합재료(항공우주/방위산업)의 첨가제나 강화제로 사용된다. 탄소나노튜브의 독특한 전도성 및 반도체성 특성으로 인해 CNT-FET 메모리 디바이스 등의 용도로 사용되며 탄소나노튜브에 대한 시장의 수요는 꾸준히 증가하고 있다.

새롭게 발견된 물질이 소재로 자리 잡기 위해서는 대량생산 기술 개발이 필수적이다. CNT 생산 방법으로 전기 방전법, 레이더 증착법, 열분해법 등이 등장했고 CVD 공정과 기상합성법이 개발되면서 대량생산의 가능성을 열었다. 공정에 따라 생산되는 CNT의 두께, 길이 등의 특성이 달라지기 때문에 기업들은 각자 원하는 물성을 구현하기에 용이한 공정을 채택하고 발전시켜 왔다. 그 중 CCVD는 대량생산에 적합해 최근에는 다수의 기업들이 이 공정을 채용하고 있다. 현재도 기업들은 계속해서 생산비용을 낮추는 공정을 연구하고 있다.

생산량이 늘어나면서 규모의 경제 효과로 가격도 낮아지고 있다. 산업 초기 $5,000/kg 이상이었던 다중벽 CNT는 현재 $50/kg~$100/kg 수준이며 향후 2025년에는 $20/kg~$30/kg 수준으로 낮아질 전망이다. 단일벽 CNT의 경우, 다중벽에 비해 가격이 매우 높지만 이 또한 낮아질 것으로 예상되고 있다. 단일벽 전문 업체인 OCSiAl은 단일벽 CNT 가격으로 $2,000/kg을 제시하기도 했다. CNT 업계 관계자는 현재 시장의 가장 큰 이슈는 높은 CNT 가격이라고 지적했다. 다만, 설비투자비, R&D 비용 등의 고정비 비중이 높은 상황이기 때문에 생산량이 늘어나면 점차 해결될 것이라고 전망했다. 아직 양산화 과정에서 해결이 필요한 과제들이 남아 있다. CNT는 난독으로 사용되기보다 다른 재료와 복합화하여 사용하는 경우가 많은데 섞이면 응집되는 경향이 있어, 분산성을 높이고 분산된 상태를 안정화시키는 기술이 필요하다. 또한 CNT는 생산 과정에서 촉매, 비결정성 탄소 등의 불순물이 남고, 타겟 물성을 구현하는 구조로 균일하게 생산하기가 쉽지 않다는 문제점이 있다. 이에 촉매, 공정 조건 등을 조정해 최적의 물성을 가진 구조를 고순도로 대량생산하는 방법, 효과적인 정제/분리 방법 등이 연구되고 있다. 이러한 이슈들에 대해 학계와 기업들이 지속적으로 기술 개발 노력을 기울여왔고 다수의 개선된 사례가 있기 때문에 계속해서 생산성이 향상될 것으로 보인다.

CNT의 수요처를 찾으려는 노력은 초기부터 계속되어 왔지만, 2000년대에는 높은 가격을 감당하면서까지 적용이 필요한 어플리케이션이 많지 않았다. 수요산업에서 요구하는 소재의 강도, 열/전기 전도도 등은 기존 플라스틱, 금속 소재로도 어느 정도 충족할 수 있었던 것이다. 그런데 최근 반도체, 에너지, 디스플레이 산업의 기술 진보가 진행되면서 뛰어난 물성을 가진 소재에 대한 요구가 늘어났다. 투명/플렉서블 디스플레이, 초고용량 배터리, 차세대 반도체 등의 혁신이 진행되면서 기존 소재의 물성을 뛰어 넘는, CNT 수준의 성능이 필요한 어플리케이션이 늘어나기 시작한 것이다.

현재 가장 큰 수요처는 복합소재이다. 고분자 등의 주재료에 CNT를 복합화하면 인장강도와 탄성률이 높고, 열/전기 전도성 등의 특성을 가진 복합소재를 만들 수 있다. 시장 초기에는 고강도 구조용 복합재를 만드는 연구가 활발히 진행됐다. 실제로 테니스라켓, 자전거 프레임, 골프채 헤드, 골프공 등 스포츠 용품에 적용된 사례가 있다. 국내 업체 CNT솔루션은 골프용품 제조업체 볼빅과 함께 CNT를 적용한 내구성 높은 골프공을 판매하고 있다. 골프공 내부 고무에 CNT를 분산시켜 만든 것으로 일반 골프공에 비해 타격 횟수를 2~3배 더 늘릴 수 있다고 한다. 또한 2016년 NASA는 CNT 방적사(Yarn)로 CNT 강화 복합소재 기반 압력용기(Composite overwrapped pressure vessel)를 제작해 비행 테스트를 시도했다. NASA는 컴퓨터 모델링을 통해 CNT 복합재료를 적용하면 전체 운반체(Vehicle) 무게가 30% 감소된다는 사실을 확인하기도 했다. CNT는 전기전도성이 있어 전자파 차폐(EMI), 정전기 방지(ESD) 소재가 될 수 있다. 최근 다양한 휴대 전자기기가 등장하고 전자기기 사용 시간이 늘어나면서 전자제품의 성능 향상, 인체 유해성 예방 등을 위한 전자파 차폐 소재의 중요성이 증대되고, 이에 CNT 적용도 늘어나는 추세이다. 현재는 반도체/전자부품 운반용 트레이, 케이블, 주유 호스, 전자기기용 패키징, 자동차 정전도장, 전도성 실리콘 등에 적용되고 있다. 추가적으로 TV 베젤, 타이어, 진공청소기 흡입구 등에도 적용을 시도하고 있어 쓰임새는 더욱 확대될 것으로 보인다.

뿐만 아니라 CNT는 열전도성이 뛰어나 발열/방열 소재로도 개발이 활발하다. 특히 자동차 관련 방열 소재 분야에서 고분자 복합소재에 대한 수요가 증가하고 있다. 방열 복합소재는 주로 고분자 소재에 열전도성이 높은 탄소, 세라믹 등의 필러를 충전해 만든다. 탄소계 필러는 그라파이트, 탄소섬유, 다이아몬드, CNT, 그래핀 순으로 열전도성이 높아지고, 현재는 경제성 이슈로 상대적으로 저렴한 그라파이트가 가장 많이 사용되고 있다. CNT는 소량 첨가로도 높은 열전도율을 구현할 수 있어 향후 적용이 확대될 것으로 예상되고 있다. Fujitsu는 CNT 방열시트를 개발했으며 2020년 상용화를 목표로 하고 있다. 내열성, 열전도성이 높아 차량용 반도체나 차세대 고성능 컴퓨팅, 통신 장비 등의 방열시트에 적용 가능할 것으로 예상된다.

향후 가장 빠른 성장이 예상되는 분야는 전지재료이다. 음극재료, 도전재(Conductive Additives)로 CNT를 사용하기 위한 시도가 진행되고 있다. 기존 흑연 기반의 음극은 에너지 용량 확대가 제한적이기 때문에 이를 극복하기 위해 CNT 적용 연구가 진행되고 있다. 또한 전지 전극의 전도성을 높이는 도전재에는 현재 주로 카본블랙이 쓰이고 있는데 CNT로 대체하거나 CNT를 섞어서 사용하면 전지의 에너지 밀도를 높일 수 있다. 2017년 LG전자 노트북 '그램(Gram)'에 CNT가 적용된 전지가 채용되기도 했다. 기존 제품 대비 사용 시간이 늘어나는 효과가 있는 것으로 나타났다.

그 밖에도 고감응형 센서, 트랜지스터, 헬스케어 분야 등으로의 적용 연구가 지속적으로

진행되고 있다. 2016년 말 IBM은 CNT 기반 마이크로칩 개발을 발표하기도 했다. 앞으로도 CNT 적용 연구가 계속해서 진행된다면 CNT는 기존 제품의 성능을 개선시키는 역할을 넘어 완전히 새로운 제품의 탄생을 가능케 할 것이다.

- 기업현황

한화케미컬은 한화나노텍과 합동으로 탄소나노튜브 소재합성에 대한 연구와 2차전지 전극, 전도성 잉크, 전도성 플라스틱 분야에 적용을 시도하고 있다. 제이오는 다양한 종류의 다중벽 탄소나노튜브 합성 및 분산 기술, 금호석유화학은 다중벽 탄소나노튜브 합성 및 전도성 복합소재와 전도성 고무제품에의 응용기술을 개발하고 있다.

효성은 정전기방지 및 방열제품, 제일모직은 자동차용 부품, 전자부품 등에 탄소나노튜브를 이용하고 있다. 또한 삼성 SDI는 탄소나노튜브를 이용해 2차전지용 음극활 물질 등을 개발하고 있다. 현대자동차는 고강도 경량을 위해 알루미늄-탄소나노튜브 복합소재에 대한 연구와 전도성 플라스틱에 대한 연구를 추진하고 있다.

시장 초기 다수의 기업들이 참여했다가 시장 성장에 대한 의문으로 일부 기업들이 철수했지만, 남은 기업들은 생산 이슈를 해결함과 동시에 수요처를 확대하기 위한 노력을 기울여왔다. 이 과정에서 가능성을 엿본 기업들은 각자의 특성에 맞는 사업 모델, 전문 사업 영역을 찾아가려는 시도를 진행 중이다.

먼저, 기업들은 고객 니즈에 대응하기 위해 다양한 CNT 기반 제품 및 솔루션을 출시하고 있다. 2002년 설립된 벨기에의 Nanocyl은 2009년 연 400톤 규모로 CNT 공장을 증설하고 상업 스케일로 생산해왔다. 다중벽 CNT를 다양한 그레이드와 형태로 판매하는데, PA, PP, PC, ABS 등 레진별 마스터배치, 고무 컴파운드, 분산제 등을 갖추고 있다. 고객에게 다양한 솔루션을 제공하는데 주력하므로 전자/자동차 대전방 지재료, 고분자 구조강화재, 전지재료 등 CNT가 적용될 수 있는 대부분의 수요 산업에 관심을 갖고 소재를 개발하고 있다. 프랑스 스페셜티 화학기업 Arkema는 2002년부터 CNT 연구개발을 시작해 현재 분산성을 높여 적은 양으로도 정전기 방지 특성 구현이 가능한 마스터배치를 판매하고 있다. 이들은 바이오 기반 원료로 CNT를 생산하는 등 친환경적으로 사업에 접근하고 있다. 특정 어플리케이션에 집중하는 사례도 있다. 일본 화학기업 Showa Denko는 일찍부터 전지라는 특정 어플리케이션에 집중해왔다. 1996년부터 VGCF 생산 설비를 구축해 리튬이온전지 첨가제로 판매하기 시작했다. 이후 고무/레진 복합소재, 전극 대체 등을 시도했으나, 최근에는 다시 전지 도전재에 집중하고 있다. 전지의 장수명화, 고용량화를 위해 최근에는 VGCF-카본블랙-CNT 복합 도전재도 개발하고 있다.

화학 기업들은 기존에 생산하고 있는 소재에 CNT를 적용해 강도, 정전기 방지 등의 특

성을 구현한 복합소재를 출시하고 있다. 최근 미국 화학기업인 Huntsman은 CNT 생산 업체인 Nanocomp Technologies를 인수했다. Nanocomp Technologies는 NASA가 2016년 목성 궤도 진입을 성공시킨 Juno에 CNT 기반 정전기 방지 소재를 공급한 업체이다. Huntsman은 에폭시, 폴리우레탄 등 고기능 소재 포트폴리오에 CNT 기술을 접목시켜 복사 가열(Radiative heating), 전기 전도성, 부식 방지 등의 특성을 지닌 복합재를 개발할 계획이다. 신규 기업들의 참여도 활발하다. 중국 정부의 나노 소재에 대한 정책적 지원 하에 다수의 중국 기업들이 CNT 시장에 참여하고 있다. 대표적으로 CNano Technology는 2010년부터 전지용 CNT 제품을 출시했으며 현재 연 500톤 수준의 생산능력을 확보하고 있다. Timesnano는 700톤 수준의 생산능력을 확보하고 있으며, 파우더, 섬유, 필름 등 다양한 CNT 제품을 생산하고 있다.

- 적용분야

CNT 소재의 주된 적용분야는 복합소재이며, 전체 사용량의 약 70%가 사용되는 것으로 추정된다.

현재 대전방지용 등 플라스틱 복합재가 시장을 주도하는 가운데 차량용 내외장재 및 전자부품포장재 분야 등에서 적용이 확대되고 있다. 향후 박막형 복합소재 및 방열/발열용 도료시장이 급속히 성장한다.

전반적으로 SWCNT(Single-Wall CNT)에 비해 대량생산이 용이한 MWCNT(Multi-Wall CNT)를 적용한 제품들의 시장진입이 활발하다. MWCNT는 글로벌 기업의 양산에 따른 경쟁 심화로 가격이 50달러/kg 수준(2년 전 대비 50% 이하)으로 하락했으며, 전 세계 생산량은 연 2천 톤 이상이다. MWCNT의 시장가격 하락에 따라 2차전지, ESD/EMI용 복합소재, 나노복합섬유 분야 등에서 시장이 활성화되고 있다.

SWCNT는 현재 가격이 200달러~300달러/g 수준이지만 CNT 투명전극의 수요 급증 시 상용화 가능한 가격 수준인 50달러/g 이하로 떨어지고 있다. SWCNT의 경우 주로 전기방전법에 의해 생산되며, 고전도성을 요구하는 투명전극·반도체·센서 등의 분야에 주로 적용되고 있다.

밸류체인은 원소재(합성/제조), 중간재(복합재료, 가공/패키징), 최종제품(모듈제품, 완제품)으로 구성되며, 최소 3개 이상의 단계를 거쳐 사업화가 된다.

주로 정전기 방지용 고분자 복합소재의 상용화가 진행 중이며, 2~3년 내 고전기전도성 EMI 차폐용 복합소재가 상용화 된다. CNT 발열 및 방열 복합소재 시장도 상용화가 시작되었으며, 특히 LED 조명에 적용되는 시장이 증대되고 있다. 골프클럽헤드 등 일부 스포츠용품을 중심으로 제품이 출시되었으며, 향후 5년 내 자동차 및 항공기 내외장재에

활발히 적용된다. 특히 단순 대전방지 기능에서 벗어나 EMI/경량/방열 등의 수요 증대가 예상되며, 자동차 내외장재 및 유연디스플레이 등 전기전자분야에서 시장이 크게 활성화될 것으로 전망된다. SWCNT를 이용한 투명전도성 필름의 상업화가 이루어졌으며, 유연한 디스플레이를 적용한 것은 모바일 기기의 급증과 맞물려 급격한 시장 확대 예상된다. 또한 인쇄전자 기술의 발달에 따른 SWCNT-RFID 및 우수한 전계방출 특성을 이용한 X-ray source의 상용화가 2~3년 내에 이루어진다. CNT는 현재 리튬 이차전지의 전극보조제로 사용되고 있으며, 향후 급격한 시장 확대가 예상되는 모바일기기, 전기자동차의 슈퍼커패시터, 연료전지 등에 적용되어 활발한 상용화가 이루어진다. CNT의 우수한 발열 특성으로 선발열 대비 열손실이 적은 면발열체 제조를 위한 연구개발이 진행중이며, 프린터의 잉크 건조나 카시트·히터가 쓰이는 모든 가전제품에 적용이 이루어진다. CNT의 전계방출 특성을 활용한 면광원은 고효율·고연색성·친환경 등의 특성을 지니고 있어 가정 및 상업용 실내조명으로 각광을 받고 있다. 특히 호텔·레스토랑 등 고급 인테리어 조명시장과 고연색성을 요구하는 상업용 실내조명(상품전시용) 분야에서 강한 경쟁력을 보인다.

○ 탄소나노튜브 국내·외 기술동향[20)]

탄소나노튜브의 분류

대분류	세분류	내용
소재분류	단일벽 탄소나노튜브	지름 1~2㎚ 한 겹의 벽을 가지며, 지름에 따라 밴드갭이 변함
	이중벽 탄소나노튜브	지름 1.5~3㎚이고 두 겹의 벽으로 이루어짐
	다중벽 탄소나노튜브	지름이 3㎚ 이상이고 세 겹 이상의 벽으로 이루어짐
합성기술	전기방전법	철 촉매금속 사용, 단일벽, 이중벽 탄소나노튜브 성장
	열화학기상증착법	철, 니켈, 코발트 촉매 사용, 600~1,050℃ 온도에서 단일벽, 이중벽, 다중벽 탄소나노튜브 기판성장
	촉매화학기상증착법	철, 니켈, 코발트 촉매 사용, 온650~950℃ 온도에서 단일벽, 이중벽, 다중벽 탄소나노튜브 대량생산에 용이함
응용기술	고분자 복합소재	정전방지, 전자파차폐, 고강도구조용 소재
	투명전극 박막재료	태양전지전극, 디스플레이 전극, 스마트 윈도우 전극

	고효율 전계방출원	평면램프, 백라이트 유닛, X-ray source, 전계 발광 디스플레이, 마이크로웨이브 증폭기
	초미세 반도체 소자 및 센서	나노 트랜지스터 소자, 나노 센서

- 탄소나노튜브의 종류별 대량합성

탄소나노튜브의 다양한 응용성이 발견되면서 탄소나노튜브의 대량합성에 관한 연구가 활발하게 진행됐다. 다중벽 탄소나노튜브의 경우 연간 수백 톤의 생산체제를 여러 기업은 이미 갖추고 있다. 하지만 이중벽 및 단일벽 탄소나노튜브의 대량합성 연구는 아직까지 걸음마 단계에 있다. 단일벽 탄소나노튜브는 반도체성이 있고 또한 다중벽 탄소나노튜브에 비해서 전도성과 기계적 강도 측면에서 우수하다. 따라서 복합소재, 전극이외에도 다양한 전자소자 응용에 효율적인 소재로 인식되고 있어 단일벽 탄소나노튜브의 대량합성에 관한 연구가 많은 관심을 받고 있다.

- 다양한 고품질의 탄소나노튜브 합성

지금까지의 탄소나노튜브 소재에 관한 연구는 주로 단소나노튜브를 대량으로 합성하는 것에 집중됐다. 하지만 근래에 들어 탄소나노튜브의 응용성이 다양해짐에 따라 다양한 응용분야의 특성을 향상시키기 위해 각각의 응용분야에 적합한 물성을 갖는 탄소나노튜브를 선택적으로 제어하고 합성하는 기술에 관한 연구가 주목받고 있다. 즉 탄소나노튜브의 직경·길이·형상 제어기술의 연구를 통해서 다양한 물성을 갖는 맞춤형 탄소나노튜브의 합성이 요구된다.

- 탄소나노튜브의 응용 분야의 확대

탄소나노튜브의 주요 응용분야는 고분자 복합소재, 에너지 소재, 전자기기 소재 등이다. 현재 가장 활발하게 적용되고 있는 분야는 고분자에 탄소나노튜브를 혼합해 사용하는 고분자-탄소나노튜브 복합소재 분야다. 탄소나노튜브를 기존의 고분자 소재에 소량만 혼합해도 기계적 물성, 전기전도도 등이 큰 폭으로 향상된다. 이를 바탕으로 정전방지·전자파차폐·고강도·경량화가 요구되는 구조용 복합재료, 높은 열전도성과 열 방출특성을 이용하는 방열재에 적용이 고려되고 있다.

탄소나노튜브의 넓은 표면적, 열화방지, 유연성 등을 이용해 연료전지 및 태양전지, 초고량 커패시터 등 에너지 소재로의 적용 연구도 활발하다. 연료전지는 연료에 포함된 수소

20) 오토모티브리포트, 2013.11.28

와 공기에 포함된 산소의 전기화학적 반응을 통해 전기와 열을 생산하는 전지로서 탄소나노튜브는 빈공간이 많고 표면적이 넓고 가벼워 수소를 저장하는 구조체로 적합하게 사용된다.

또한 높은 전자이동 능력을 가지고 있어서 탄소나노튜브를 이용한 투명전극필름의 상용화가 기대된다. 한편, 탄소나노튜브의 반도체적 성질을 이용해 현재 실리콘 반도체가 갖는 크기와 열방출 문제를 극복하기 위한 반도체 소자의 개발도 활발하게 진행되고 있다. 또한 탄소나노튜브는 이상적인 전계방출 소재로 평가된다. 이러한 특성을 이용해 전계발광 디스플레이(Field Emission Display), X-ray source, 평면램프 등에 적용하려는 연구가 활발히 추진되고 있다.

국내 탄소나노튜브 기업 기술개발 동향

기업	내용
한화케미칼	SWCNT 및 MWCNT의 대량합성기술을 개발하고, 이를 이용한 고전도성 도료 및 고분자 복합소재를 출시했다.
효성	유동층 반응기를 이용한 MWCNT 대량합성기술을 개발 중이며, 나노미래와 공동으로 ATM 기기 적용을 위한 전도성 사출품을 개발했다.
LG화학	고전도성 MWCNT 복합소재를 이용한 다양한 제품을 출시하였으며, 최근에는 경량 고강도 복합소재 및 고열전도성 복합소재 연구도 하고 있다.
제일모직	ESD/EMI용 고전도성 복합소재개발 및 유동층 반응기를 이용한 MWCNT 대량합성 연구, 자동차 내장재용 전도성 복합소재 등을 개발 중이다.
탑나노시스	PET/PC 기반의 투명전극을 개발한 후 전자수첩에 채용하여 기존 ITO 전극 대비 우수성을 확인하였고, 내비게이션용 CNT 투명전극의 상용화를 추진 중이다.
KH Chemical	고순도(80%이상) SWCNT 생산능력을 보유하고 있으며, 고분산 SWCNT 제조 및 분산액을 출시하여 투명전극·센서·복합소재에 적용하고 있다.

국외 탄소나노튜브 기업 기술개발 동향

Arkema(프)	CNT가 최대 45% 함유된 고성능 마스터배치 및 컴파운드 제품을 개발했고, ESD·접착체·보강재 등을 개발 중이다.
Bayer(독)	2010년 200톤 규모의 생산설비를 구축한바 있으며, 이를 구조재·리튬2차전지·알루미늄복합재 등에 적용하여 시현했다. OECD 기준에 따른 독성 테스트를 통해 실제 CNT 노출 수준에서 무해함을 입증했다.
Hodogaya(일)	전도성 수지, 전자파 차폐 수지, 고강도 경량재료, 면상발열체를 제작하여 시현했으며, 생체 반응성 테스트도 병행 실시했다.
Nanocyl(벨)	2010년 말 400톤급 CNT의 양산설비 2기를 구축하였으며, 일본 업체와 대전방지용 MWCNT 코팅액, 고투과성(88%) 투명대전방지 필름을 공동으로 개발 중이다.
Future Carbon(독)	Carbo e-Therm 제품은 CNT 기반의 난방코팅액으로, 저압구동이 가능한 시제품이 나와 실제 차량에 적용했다. 차량 외에도 바닥난방(욕실 등), 벽면난방 및 전자기파 차폐용 차단코팅 제품도 출시했다.
Xinray Systems(미)	Xintek에서 개발한 Few-wall CNTs를 이용한 X-ray source를 개발하였으며, 상용화를 위해 노력 중이다.

□ 그래핀

○ 그래핀의 개념과 특성

그래핀에서 탄소원자들은 각각 원자가 강한 공유결합을 통해 3개의 이웃한 원자들에 결합하는 벌꿀집(Honeycomb) 패턴으로 배열되어있다. 단층 그래핀의 두께는 탄소원자 1개분인 약 0.34nm로 대단히 얇으나, 강도는 다이아몬드와 동일한 수준으로 매우 단단하며, 그래핀 시트를 겹쳐서 mm수준의 두께로 만들면 2톤짜리 자동차를 지지할 수 있는 강도가 발생한다.

탄소나노튜브는 다양한 특성에서 그래핀과 동등한 수준의 특성을 나타내고 있으나, 탄소나노튜브가 상용화에 실패한 이유는 1차원적인 형상에 의한 가공의 어려움, 양산을 전제로 한 제조 프로세스를 확립할 수 없었기 때문이다. 이는 아무리 우수한 특성을 나타내도 생산 프로세스의 확립 없이는 실용화로 이어지지 못한다는 사실을 보여준 것으로, 이에 비해 그래핀의 생산 프로세스는 단순하여 사업화 가능성이 높은 것으로 판단된다.

흑연과 그래핀 상관관계

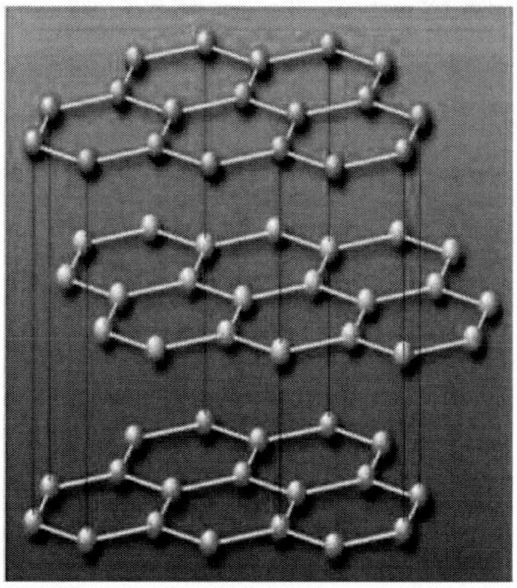

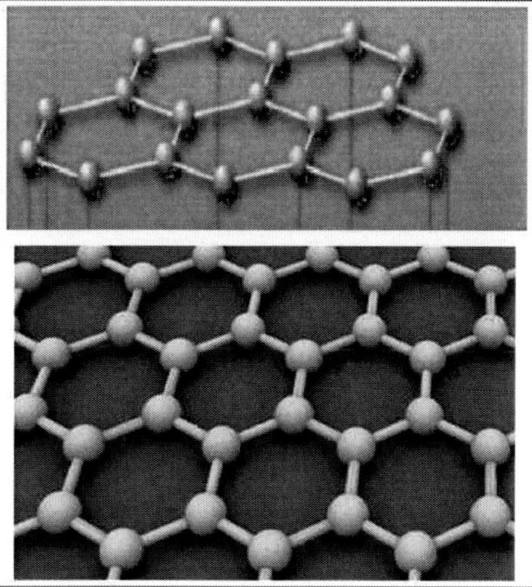

흑연 구조	그래핀 구조

흑연과 그래핀의 상관관계

그래핀은 단어에서 이미 그래파이트(Graphite)와 유사함을 내포하고 있다. 그래파이트와 다른 점은 그래파이트가 탄소원자층이 층층이 쌓여있는 구조라면 그래핀은 단일층의 2차원 마 형태라 할 수 있다. 2004년 영국 맨체스터대 안드레 가임과 콘스탄틴 노보셀로프 교수 연구팀이 공동으로 흑연으로부터 그래핀을 최초 분리했다. 흑연을 스카치테이프에 놓고 스카치테이프의 양끝을 붙이고 떼어내는 것을 반복하는 방법으로 그래핀을 분리했다. 2008년 MIT테크놀로지 리뷰의 세계 100대 미래 기술 중 하나로 선정되면서 이름을 알리기 시작했다. 2010년 노벨물리학상을 수상하며, 그래핀은 나노 소재 분야의 핫아이템으로 등극했다.

그래핀의 우수한 물리적 특성

물리적 성질	그래핀	비교재료
두께	가장 얇은 물질	-
인장강도	130Gpa	강철의 200배
열전도율	5,300W/mK	구리의 13배
허용 전류밀도	108A/㎠	구리의 100만배
전자 이동도	200,000㎠/Vs	실리콘의 100배

그래핀의 우수한 물리적 특성

그래핀의 놀라운 점은 원자 1개의 두께로 이루어진 얇은 막(두께는 0.2nm), 즉 100억분의 2m정도로 엄청나게 얇은 두께를 가지고 있으면서도 물리적·화학적 안정성도 높다는 점이다.

늘리거나 휘어도 특성이 그대로 유지되며, 구리보다는 100배 이상 전기가 잘 통하며, 실리콘보다는 100배 이상의 전자 이동성이 빠르다. 같은 분자구조를 가진 다이아몬드보다도 2배 이상의 열전도성이 뛰어나며, 강도는 강철보다도 200배 이상 강하다. 또한 냉각이 빨라 그래핀 기기가 발열이 심해도 열을 잡아줄 수 있는 능력에서 탁월한 소재이다.

'마법의 신소재'로 불리는 그래핀(graphene)을 활용한 제품들이 하나둘씩 모습을 드러내고 있다. 스마트폰 배터리 외에도 비거리를 늘린 캘러웨이의 골프공, 음질이 또렷해진 TFZ의 이어폰 등 기업들은 다양한 분야에서 그래핀을 마케팅 포인트로 내세우고 있다.

그래핀은 연필심 소재인 흑연을 가공해 만든 물질이다. 흑연을 확대해 보면 벌집 모양의 육각형 그물처럼 배열된 탄소분자가 층층이 쌓여 있는데 이 물질의 한 개 층을 그래핀이라고 부른다.

흑연이 박막 형태의 그래핀이 되면 물질의 성격이 바뀐다. 구리보다 100배 이상 전기가 잘 통한다. 반도체 원료로 쓰이는 실리콘보다 전자의 이동속도가 140배 이상 빨라진다. 물리적 특성도 남다르다. 강도가 강철의 200배가 넘으면서도 가볍고 신축성이 뛰어나다. 빛을 대부분 통과시키는 투명한 소재라는 점도 이 물질의 특징으로 꼽힌다.

신소재 그래핀의 쓰임새는 무궁무진하다. 투명하면서도 전기가 잘 통하기 때문에 접었다 폈다 할 수 있는 웨어러블 기기와 궁합이 잘 맞는다. 배터리와 태양전지 분야에서도 요긴하게 쓸 수 있다. 군인이나 경찰들이 착용하는 방탄조끼를 티셔츠의 무게로 제작하는 것도 가능하다. 그래핀을 마법의 신소재라고 부르는 이유다.

이 물질이 처음 소개된 것은 2004년이다. 영국 맨체스터대의 안드레 가임 교수와 콘스탄틴 노보셀로프 연구원이 투명한 스카치테이프를 이용해 흑연에서 그래핀을 떼어내는 데 성공했다. 두 연구자는 그래핀을 발견한 공로로 2010년 노벨물리학상을 받았다.

산업계에서 그래핀은 '게임 체인저'로 통한다. 기존에는 구현이 불가능했던 신기술들을 적용할 수 있어서다. 삼성전자 종합기술원의 배터리 특허를 살펴보면 그래핀의 위력을 실감할 수 있다. 강도와 전도도가 높은 그래핀을 배터리에 적용하는 방법을 찾던 종합기술원 연구팀은 저렴한 실리카(SiO2)를 이용해 팝콘의 모습을 한 3차원 입체 형태의 그래핀을 대량으로 합성하는 데 성공했다.

이렇게 만들어진 '그래핀 볼'을 리튬이온전자 양극 보호막과 음극 소재로 활용했더니 충전 용량이 45%가량 늘어났다. 충전 속도도 빨라졌다. 고속 충전기를 활용하면 12분 만에 스마트폰 배터리의 충전이 끝난다.

그래핀은 나노물질로 두께가 0.2㎚(1㎚는 10억 분의 1m)에 불과하다. 10개 층이 넘어가면 그래핀 고유의 특성이 나오지 않아 초박형으로 성형해야 하는데 이 작업이 만만치 않다. 그래핀으로 부품이나 기판에 골고루 부착하는 작업도 까다롭다. 입자 간 인력이 커 얇은 막이 쉽게 구겨진다. 그래핀을 활용해 개발한 제품 중 상당수가 기대한 대로 성능이 나오지 않는 배경이다.

진성환 기초과학연구원(IBS) 다차원 탄소재료연구단 연구위원은 "얇은 천을 구김 없이 고루 펴야 한다고 생각하면 이해가 쉽다"며 "실험실에서 제품의 샘플을 만드는 일은 쉽지만 균일한 품질의 그래핀 제품을 양산하는 것은 완전히 다른 얘기"라고 설명했다.

○ 그래핀의 응용분야

그래핀 나노소재는 다양한 성능과 파급효과를 가지며, 이를 이용한 부품 및 완제품, 관련 '원소재' 장비 등의 솔루션을 포함하는 산업으로 응용분야가 무궁무진하다. 특히 그래핀은 강도, 열전도율, 전자이동도 등 여러 가지 특성이 현존하는 물질 중 가장 뛰어난 신물질로서 디스플레이, 이차전지, 태양전지, 자동차, 조명 등 다양한 산업에 응용될 전략적 핵심 소재로 각광받고 있다. 부품·소재산업의 산업적 중요성은 다음과 같다. 우리나라 대표적 수요산업인 디스플레이, 이차전지, 자동차 산업이 세계적 경쟁 우위 산업으로 싱징하기 위해서는 후방산업인 부품소재 산업의 경쟁력 확보가 필수적이다. 그래핀은 2004년 발견된 이래 물리·화학·재료 분야에서 가장 주목받고 있는 물질로서, 2010년 노벨 물리학상을 수상했다. 미국 물리학회 선정 '미래 정보기술을 바꿀 수 있는 가장 주목할 만한 신소재'로 소개됐으며, 그래핀 트랜지스터는 'MIT 선정 10대 유망기술'에 포함됐다. 국내에서도 그래핀을 실리콘 나노전자소자의 차세대 제로로서 '2008년 KIS-TEP 선정 10대 미래유망기술'에 포함했다. 우수한 성질을 이용해 다양한 산업 분야에 적용 가능하고 대규모의 시장파급효과가 기대되는 그래핀 산업을 국가 미래 선도 전략산업으로 육성할 필요성이 점차 증대되고 있다. 그래핀은 20세기 실리콘 기반의 딱딱한(Rigid)한 전자기술로부터 21세기 소프트한(Soft) 전자기술로 전환되는 차세대 소프트 일렉트로닉스 구현이 가능한 기술로 전기전자 및 에너지 소자의 패러다임을 전환할 수 있다.

그래핀은 우수한 전기적 특성을 갖고 있어 전자·에너지 재료 분야에서 새로운 소재로 주목받고 있다. 활용도가 높을 것이라는 점에서 '꿈의 신소재'라고 부르기도 한다. 하지만 제로 밴드 갭(zero band-gap)이나 정공 같은 특이사항을 조절하기 어려워 실제 응용에는 한계를 보인다. 밴드 갭은 반도체 물질의 고유 물리량이다. 전류를 막는 '에너지 장벽'에 비유할 수 있다. 0에 가까우면 전류가 너무 쉽게 흘러 도체가 되고, 아주 크면 절연체가 된다. 그래핀 에너지 구조를 제어할 수 있는 기술은 이 때문에 학계에서도 주요 연구 분야다. 그래핀의 기초적인 에너지 구조를 이해하는 연구 역시 절실하다.

산화 그래핀 환원 정도를 조절하거나 산화 그래핀 격자 내에 붕소·질소 불순물을 치환하

는 방식으로 다양한 에너지 준위를 가지는 소자를 만들었다. 나아가 환원 그래핀 에너지 준위를 조절할 수 있는 기초적인 현상을 밝혀냈다. 환원 산화 그래핀은 각각 다른 에너지를 가지고 있다. 이는 전자 재료나 에너지 재료에 응용할 수 있는 중요한 정보를 확인할 수 있다는 뜻이라고 설명했다.

특히 폐열을 이용해 전기에너지를 얻는 열전에너지 소자 개발에 도움을 줄 수 있을 것으로 전망했다. 탄소 기반의 전자 또는 에너지 재료를 이용하기 위해 필요한 에너지 준위나 전기적 특성은 다르다며 이번 연구는 관련 분야에 실마리를 제공한다고 볼 수 있다고 말했다.

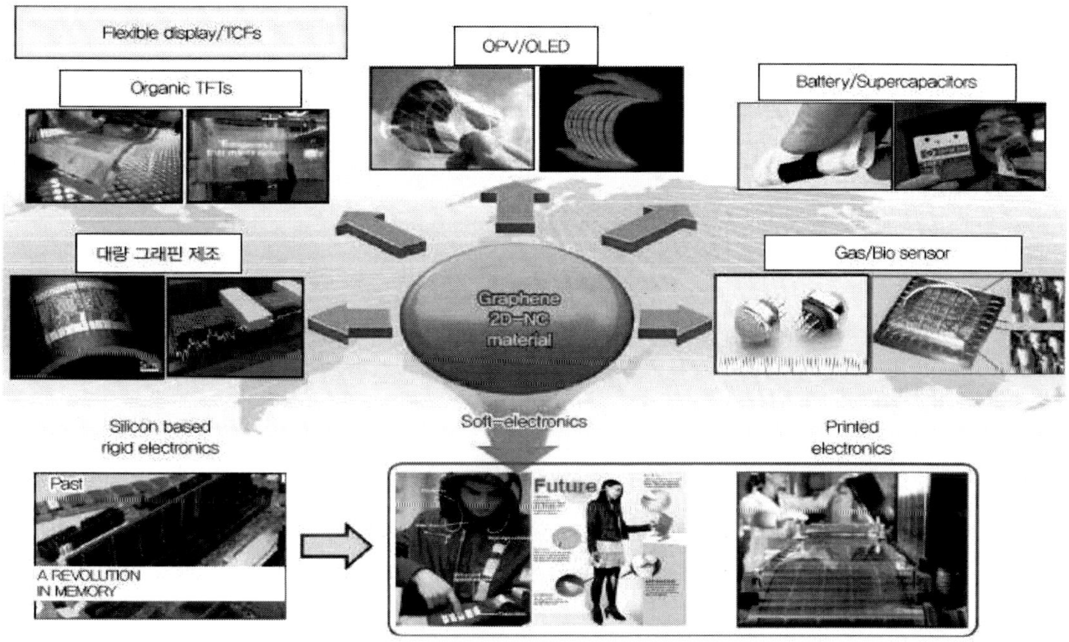

그래핀 응용기술 및 차세대 소프트 일렉트로닉스 기술

그래핀은 생산방식에 따라 그래핀플레이크(Flake)와 CVD(Chemical Vapor Deposition: 화학기상증착법)그래핀으로 구분되며 응용분야도 생산방식에 따라 달라진다. 그래핀 플레이크는 흑연 결정으로부터 그래핀을 박리하는 방법으로 생산되며 저렴한 비용으로 대량생산이 가능할 수 있어 복합재료, 방열소재, 전자파 차폐 등에 응용 가능하다. CVD 그래핀은 고온에서 탄소를 가스화하여 금속표면에 증착시키는 방법으로 생산되며 대면적, 고품질의 그래핀 제작이 가능하여 투명전극, 차세대 전자소자, 에너지용 전극소재 등에 응용이 가능하다.

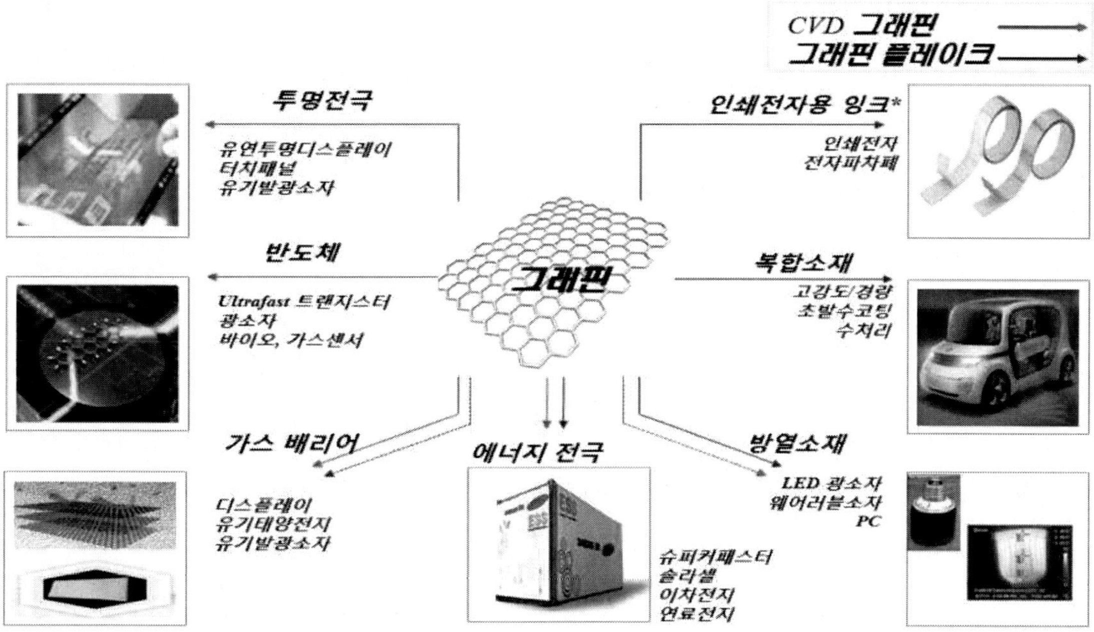

그래핀의 응용분야

그래핀의 잠재적인 응용 분야는 복합소재, 투명전극, 압전소자, 트랜지스터, 리튬 이온전지 음극체, 초경량 고강도 복합재, 재료, 배리어 코팅 소재 등 다양하다. 그래핀의 물성 특징은 상온에서 전자 이동도가 실리콘보다 100배 이상 빠르고 열전도성은 다이아몬드보다 2배 이상, 기계적 강도는 강철보다 200배 이상 우수하다는 점이다. 특히 전기전도성을 유지한 상태로 플렉서빌리티(Flexibility)가 가능하다는 점은 주목할 만하다. CNT와의 차이점은 밴드 갭이 없어 반도체가 아닌 금속 특성을 갖는다는 점이다. 하지만 밴드 갭 제어 가능성이 높아지고 있다. CNT보다 뒤늦게 나왔지만 전기전도성을 활용한 부품소재로서 CNT의 난제를 넘어설 후보로 각광받고 있다.

현재 일반적으로 사용되고 있는 투명 도전막인 ITO(Indium Tin Oxide)를 대체할 수 있는 재료로서 그래핀이 적용되고 있으며, 터치패널, Flexible 패널 등으로 적용된 시제품도 개발되고 있다.

반도체 공정에 적용가능한 대면적 합성기술과 그래핀으로 회로를 구성할 수 있는 패터닝 기술을 통해 투명 디스플레이에 적용하여 Flexible 특성 구현이 가능하다.

전기자동차 개발을 위한 고효율, 장수명의 리튬이온 2차전지(Li-ion Battery)에 대한 요구가 높아지는 가운데 그래핀의 넓은 표면적과 안정적인 결합구조 등을 활용하여, 이차전지 및 슈퍼 커패시터 전극재료 등으로 개발이 진행되고 있다.

○ 그래핀 시장현황

대외환경 및 국내 R&D 역량을 분석해 보면 그래핀 관련 기초 및 원천기술이 글로벌 수준과 대등하거나 경쟁 우위에 있어, 그래핀 상용화를 위한 기반확립 및 환경조성이 우수한 것으로 보인다. 또한 그래핀 기술을 기반으로 신 산업기반을 조성해 국가 그래핀 기술·산업 기반이 마련될 것으로 전망된다.

이를 통해 글로벌 그래핀 신 시장을 선점하고 그래핀 소재에서 완제품까지 가치사슬을 아우르는 그래핀 산업 생태계 조성으로 대·중·소 동반성장 및 새로운 일자리를 창출할 수 있을 것으로 예상된다.

- 시장규모

그래핀 세계시장 규모

(단위 : 억달러)

분야 \ 연도	2015년	2020년	2025년	2030년
투명전극	59	203	547	1,200
이차전지용 전극	54	190	582	1,631
차세대 반도체	10	48	203	780
초경량/고강도 소재	80	183	360	652
방열재료	70	222	613	1,564
배리어/코팅재료	12	25	45	75
인쇄전자용 소재	15	29	53	98
전체시장	300	900	2,404	6,000

그래핀 세계시장 규모

2030년까지 연평균 22.1%의 성장률로 시장 확대가 전망된다.

- 응용분야별 시장 점유 전망

현재 그래핀 시장의 메인 플레이어는 그래핀 소재 생산 업체기 때문에 시장을 선점하고 진출하기 위해서는 소재확보와 기술 국산화가 필수적이며, 그 외 기존 시장 대체를 위한 가격 경쟁력 확보가 중요하다. 그래핀은 투명전극 시장에서 크게 활용될 것으로 전망된다. 그래핀 전자파 차폐제 시장은 고가의 도전성 금속을 저가의 그래핀 소재로 대체하는 시장이다. 저가 제품 적용 가능성은 크지만 도전성이 낮다는 한계를 극복하기 위해 그래

핀 치환기 최적화, 분산성 확보, 유무기 복합체최적화 등의 기술을 이용해 전기적 특성을 향상시키는 핵심기술 확보가 시급하다.

그래핀 기반 산업은 우리나라가 R&D 단계부터 세계최고 수준의 경쟁력을 갖춘 것으로 판단된다. 반도체, 디스플레이, 자동차 등 세계 최고수준의 국내 산업과 융합하여 상용화 기술을 획득할 때 세계시장의 높은 점유율 달성이 가능할 것이다.

그래핀 세계시장 점유율 전망

(단위 : 억원, %)

응용분야 \ 연도		전망				최종 점유율
		2015년	2020년	2025년	2030년	
투명전극	금액	47	147	356	690	58.0
	점유율	80.0	72.5	65.0	57.5	
이차전지용 전극	금액	5	25	93	310	19.0
	점유율	10.0	13.0	16.0	19.0	
차세대 반도체	금액	4	20	91	371	48.0
	점유율	40.0	42.5	45.0	47.5	
초경량/고강도 복합소재	금액	8	25	63	138	21.0
	점유율	10.0	13.8	17.5	21.3	
방열소재	금액	14	59	202	618	40.0
	점유율	20.0	26.5	33.0	39.5	
배리어/ 코팅소재	금액	1	4	10	22	30.0
	점유율	10.0	16.5	23.0	29.5	
인쇄전자용 소재	금액	2	5	12	29	30.0
	점유율	10.0	16.5	23.0	29.5	
금액 합계		81	285	828	2,178	36.0
점유율		27.0	31.7	34.4	36.3	-

그래핀 세계시장 점유율 전망

최근 국내외 기업들에 의해 그래핀 소재 기반 응용제품들이 출시되면서 사업화를 통한 신 시장 창출에 대한 기대가 높아지고 있다. 이러한 그래핀 소재 및 부품들은 기존 시장 확대뿐만 아니라 신 시장 창출 가능성을 제시하고 있지만 용도 맞춤형 그래핀의 저가 대량 합성 기술 및 고품질/대면적 그래핀 합성 및 전사 기술 등을 비롯하여 상업화를 위해서는 여전히 극복해야 할 기술과제들이 많이 산적해있다. 하지만, 세계적으로 그래핀 기술 선점을 위한 연구개발 투자가 대대적으로 이루어지고 있으며 이를 통해 소재의 특성 향상 및 신뢰성을 높일 수 있다면 향후 에너지용 전극재료, 방열소재, 배리어 소재, 고강도/경량화 복합소재, 차세대 반도체 소재 등으로 활용되어 신 시장을 창출하고

기존 주력산업의 성장을 견인할 것으로 전망된다. 특히 우리나라가 산업 초기에 세계적인 경쟁력을 갖춘 최초의 산업이 될 그래핀 산업에 대한 기대가 커져가는 시점이다.[21)]

일부 리딩기업(Angstron Materials, XG Sciences, Vorbeck Materials(이상 미국), Xiamen Knano(중국))등이 연구샘플용 또는 저품질의 그래핀 플레이크 원소재와 방열필름과 인쇄전자용 잉크소재를 생산 판매중이다.[22)]

그래핀은 가볍고 유연하면서 철보다 단단하다. 2004년 등장해 꿈의 소재란 별칭을 얻은 벌집 모양의 육각형 2차원 나노탄소물질, 그래핀의 특성이다. 차세대 물질로 각광받았지만 대량생산이 까다로워 산업 현장 등에 활용하기에는 어려움이 많았다.

하지만 그 돌파구가 열리고 있다. 최근 국내외 기업과 의료진이 그래핀을 활용하기 위한 기술적 해법을 잇달아 내놓고 있다. 국내 기업인 그래핀스퀘어는 성능 좋은 그래핀 대량생산 공정을 개발해 휘어지는 디스플레이와 단단한 군용 방탄복 소재를 만드는 데 성공했다. 그래핀스퀘어는 그래핀 대량생산장비 공급을 목표로 2012년 설립됐다.

그래핀스퀘어의 창업자인 홍병희 서울대 화학부 교수는 “휘어지는 디스플레이는 수분과 산소에 약하다”며 “그래핀을 쓰면 수분과 산소로부터 디스플레이를 보호할 수 있다”고 말했다. 그래핀스퀘어는 이렇게 확보한 안정성을 바탕으로, 마치 신문을 찍어내듯 폭 40cm 길이 100m의 평면 그래핀을 대량으로 만드는 기술을 확보했다. 특히 기존 기업의 디스플레이 생산공정 중 사용되는 필름만 그래핀으로 바꾸면 되므로 적용하기도 쉽다. 현재 국내 기업과 성능을 검증 중이며, 검증을 통과할 경우 1~2년 안에 그래핀 디스플레이가 양산될 것으로 전망된다.

그래핀스퀘어는 그래핀 기술을 적용한 방탄복을 개발해 지난해 9월 말 미군과 약 6억원 규모의 납품계약을 체결해 현재 납품 중이다. 그래핀은 여러 겹 쌓으면 두께에 비례해 견고해진다. 그래핀스퀘어는 그래핀을 1000~5000층 쌓아 총알을 막는 강도의 방탄복을 완성했다.

그래핀을 1000~5000개 층으로 겹겹이 쌓아 보강재로 사용하면 효과적으로 총알을 막는 방탄복을 만들 수 있다.

삼성전자는 경기 고양시 킨텍스에서 열린 2018년 나노코리아에서 ‘그래핀 볼’로 불리는 그래핀 파우더(가루)를 이용해 리튬전지 효율을 높이는 기술을 개발하고 있다고 발표했다. 삼성은 그래핀을 리튬전지에 넣으면 용량이 45% 증가하고 충전 및 방전 효율도 늘

21) 나노기술산업동향보고서-그래핀기술
22) 그래핀 사업화 촉진 기술로드맵, 미래창조과학부, 2015.4.6

어난다고 설명했다. 홍 교수는 “여러 연구팀이 실험실에서 확보한 기술”이라며 “시장에 적용되려면 현재의 리튬전지 생산 공정을 대체할 만큼의 경제성을 갖춰야 할 것”이라고 말했다.

○ 그래핀 기술동향[23)]

현재까지 이루어진 그래핀의 개발은 크게 그래핀을 대량 생산할 수 있는 그래핀 합성분야와 생산된 그래핀을 적용하여 기존의 재료를 대체하여 성능을 개선시킬 수 있는 응용분야로 진행되고 있다. 현재 그래핀을 생산하는 방법은 크게 4가지 Process로 구분되나, 본격 대량생산에 이르기까지는 일정 기간이 소요될 것으로 예상된다.

ㄱ. 셀로판테이프를 활용한 기계적 박리법
ㄴ. 메탄과 수소 등과 탄소의 반응을 이용한 화학증착법
ㄷ. 실리콘 카바이드를 한층 한층 쌓아올려 만드는 에피텍셜 합성법
ㄹ. 산화-환원 반응을 이용한 화학적 박리법 등

- 기계적 박리법

기계적 박리법 모식도

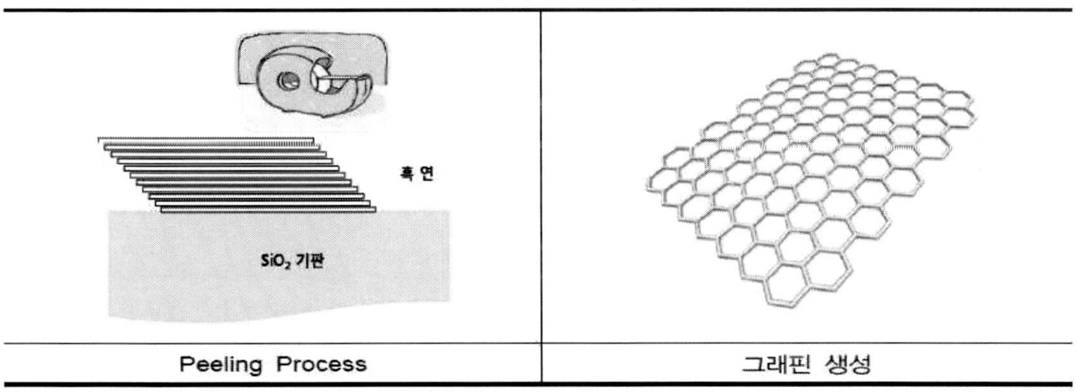

기계적박리법 모식도

기계적 박리법은 다층으로 구성된 흑연 결정에서 기계적인 힘으로 한 층을 벗겨내어 그래핀을 만드는 방법이다. 연필심에서 종이로 흑연의 얇은 막이 밀리면서 글씨가 부드럽게 써지듯이 마찰을 이용해 흑연 결정으로부터 그래핀을 생성시키는 방법이다.

SiO_2기판 위를 연필심으로 문지르면 그래핀의 주연료인 흑연이 기판에 쌓이게 된다. 이때 겹겹이 쌓여있던 흑연을 테이프로 층층이 벗기면, 여러 층의 흑연이 유리 위에 붙어있는 상태가 되고, 테이프를 반복적으로 붙였다가 떼기를 반복하면 유리판 위에는 한두 겹의 그래핀이 남게 된다. Peeling Process 이후, 환원 분위기에서 열처리를 통해 그래

23) 차세대신소재그래핀의 기술동향, KDB산업은행

핀에 잔류한 접착제 성분을 제거시킨다. 기계적 박리법으로 제조된 그래핀은 크기와 형태를 제어할 수 없기에 소자 및 전극재료 등 산업화로의 응용에 제한이 있다. 또한 그래핀의 대면적 성장이 불가능하며, 대량 생산을 위한 공정확보 역시 불가능하기에 실제 상업적인 측면에서는 큰 제약이 있다.

- 화학증착법

화학증착법 모식도

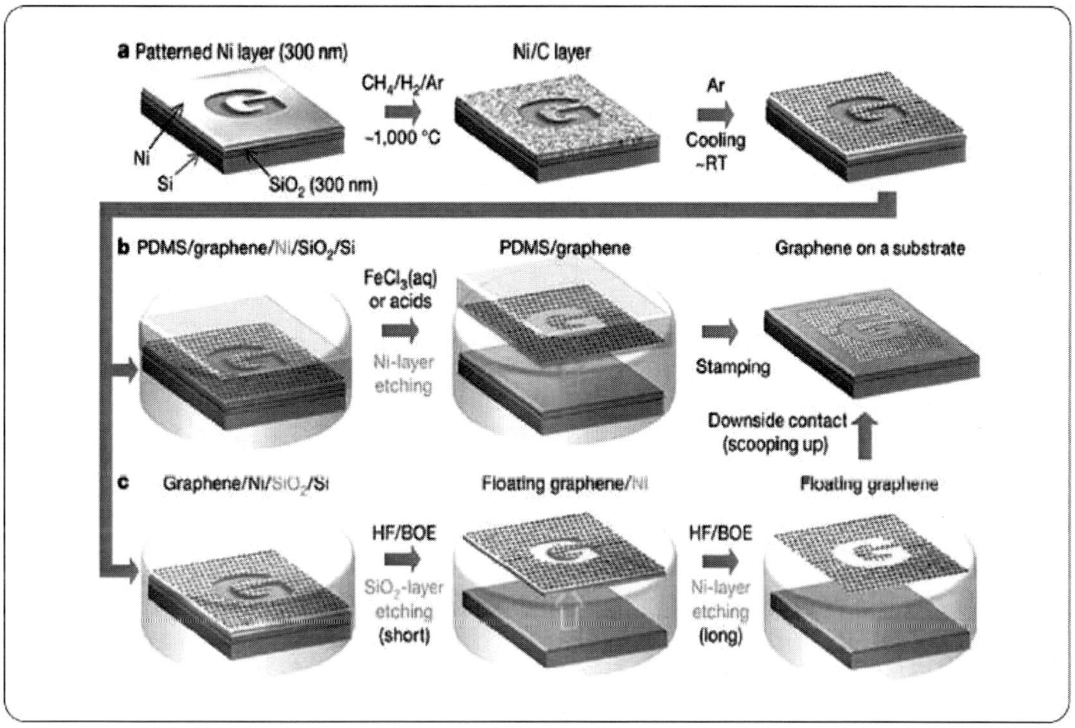

화학증착법 모식도, 출처: 2011 그래핀워크샵(지식경제부)

화학증착법은 고온에서 탄소 또는 합금을 잘 형성하거나, 탄소와의 흡착성이 우수한 전이 금속을 촉매로 사용하여 그래핀을 합성하는 방법이다.

Ni, Cu, Pt 등과 같이 탄소를 잘 흡착하는 전이금속을 촉매층으로 SiO_2 기판 위에 증착하고, 1,000℃의 고온에서 메탄, 수소 등의 혼합가스 분위기에서 탄소가 촉매 층과 반응하여 적절한 양의 탄소가 촉매 층에 녹아 들어가거나 흡착되도록 한다. 이후 냉각을 하면 촉매 층에 포함되어 있던 탄소원자들이 표면에서 결정화되면서 그래핀 결정구조를 형성하게 된다. 합성된 그래핀은 촉매층을 제거함으로서 기판으로부터 분리시킨 후 원하는 용도에 맞게 사용할 수 있다.

- 에피텍셜 합성법

에피텍셜 합성법은 실리콘 카바이드(SiC)와 같이 탄소가 결정에 흡착되거나 포함되어 있는 재료를 약 1,500℃의 고온 분위기에서 열처리하여 그래핀을 형성한다. 열처리 공정 중 탄소가 실리콘 카바이드 표면의 결을 따라 성장하면서 그래핀이 형성된다. 에피텍셜 합성법은 기계적 박리법이나 화학적 증착법에 의해 성장된 그래핀보다 특성이 뛰어나지 못하며 재료가 비싸고 제작이 어렵다는 단점이 있어 이를 극복하기 위한 연구가 진행 중이다.

- 화학적 박리법

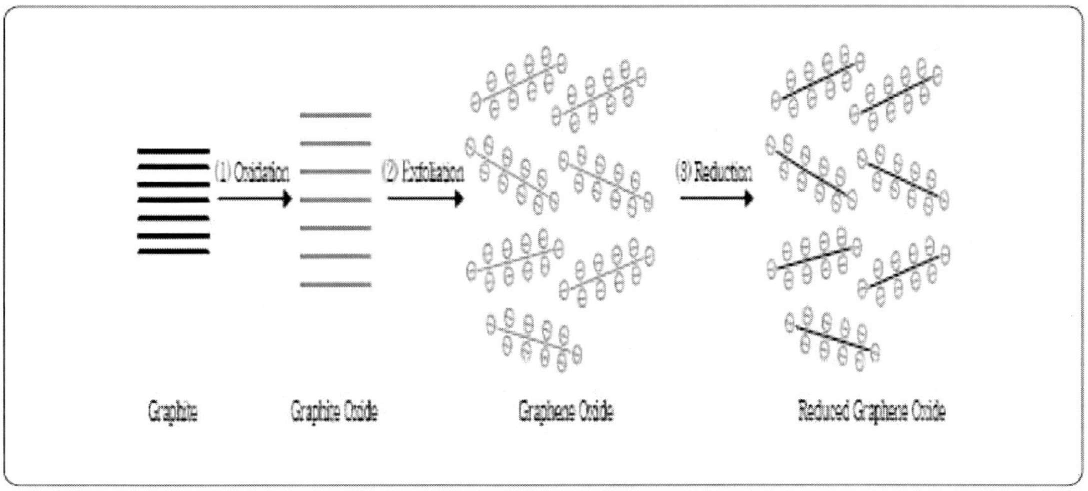

화학적박리법 모식도

화학적 박리 그래핀(Chemically Exfoliated Graphene)은 용매를 기반으로 산화흑연(Graphite Oxide) 제조를 통해 박리를 유도하며, 이후 환원(Reduction)을 통해 산화그래핀의 전기적 특성을 향상시키는 방법이다.

이 방법은 그래핀 대량생산에 용이하며 다양하게 응용할 수 있다. 그러나 강산[예 : 질산(HNO3), 황산(H2SO4)] 을 이용한 흑연의 산화로 인해 환원 후 그래핀의 결함과 산소관능기를 완벽히 제거하기 어렵다는 단점이 있다.

그래핀은 sp2 혼성화 탄소원자로 이루어져 있는 벌집 모양 이차원 층으로 구성되어 있으며, 흑연은 그래핀 층들이 Z축에서 0.34㎚ 간격으로 이루어져 있다.

이처럼 그래핀은 강한 반데르발스 힘으로 층간결합을 이루고 있기 때문에, 흑연에서 그래핀을 박리시킬 때 기계적 힘 또는 화학적 이온의 층간 삽입이 필수다. 일반적으로 산화흑연은 물에서 분산이 용이하며 극성용매에서 음전하를 띈 박막 플레이트(수십~수백

층으로 이루어진 산화 그래핀)로 존재한다. 분산된 산화흑연 박막 플레이트를 산화 그래핀으로 형성시키기 위해서 박리가 필요하다. 주로 사용되고 있는 박리법은 초음파 분쇄법(Ultra-sonic Agitation)과 급속가열을 통해 팽창된 산화흑연의 층을 분리하는 방법이다. 이후 환원과정을 거쳐 산화 그래핀 환원물(Reduced Graphene Oxide)을 형성한다. 이와 같이 산화, 박리, 분산, 환원 과정을 통해 화학적 박리 그래핀이 제조된다.

- 습식공정 기반 고효율 그래핀 대량제조 및 유연전극 응용기술

세계적으로 전기기능성 2차원 나노소재로서의 그래핀 대량제조는 기술개발 초기에 해당한다. 한국전기연구원(KERI. Korea Electrotechnology Research Institute)은 상업적인 응용이 가능한 습식공정 기반 고효율 그래핀 대량제조 기술을 개발했다.

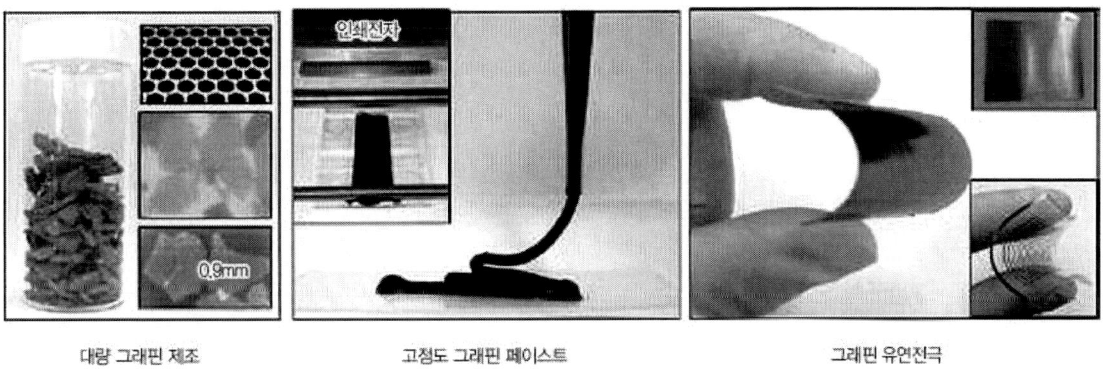

습식공정기반 고품질 박리그래핀 대량제조 및 페이스트 기술(KERI)

먼저 고품질 박리 그래핀 상업화를 위해 Top down 방식의 흑연 박리법을 기반으로, 대량 그래핀 생산과 인쇄전자 접목을 위한 습식공정기반 고농도 분산용액 및 페이스트 제조에 중점을 두어 연구를 진행했다. 고품질의 그래핀은 소수성을 가져 일반적으로 사용되는 극성용매와 친화력이 없기 때문에 뭉침 현상이 발생한다. 이를 해결하기 위한 다양한 방법이 소개됐지만 고품질 그래핀의 대량생산, 고농도 분산용액 및 페이스트 제조법은 여전히 난제였다.

그래핀과 용매 사이의 상호작용을 연구하던 중 반응시간 제어를 통해 고농도 그래핀 분산용액 형성이 가능함을 발견하고 추가 실험으로 분산메커니즘을 확인했다. 이를 통해 고농도 고품질 그래핀 분산용액, 페이스트 및 다공성 분말 제조 관련 대량생산이 가능하게 됐다.

이 기술은 차세대 유연 전기전자·에너지 소자에 적용 가능한 미래선도 나노소재 제조기술로서 대면적·고품질 그래핀의 고농도 분산, 페이스트 대량제조 기술이다. 농도와 점도 조절이 용이해 인쇄전자용 잉크로 직접 활용할 수 있기 때문에 향후 소프트 일렉트로닉

스 구현에 습식공정기반 인쇄전자공정 적용이 가능할 것으로 예상된다. 이와 같이 유연 전도성 전극 상용화를 위해서는 인쇄전자공정이 수반돼야 하며, 고성능 나노재료 기반 페이스트가 절실히 요구된다. 또한 전기기능성 그래핀 대량제조 기술은 향후 ITO를 대체해 투명히터, 스마트 윈도우, 각종센서 등에 다각적으로 활용돼, 탄소나노튜브·그래핀 혼성 투명전극, 플렉시블 디스플레이, 태양전지 등의 각종 유연 전극, 유연 TFT, 에너지 소자전극, 및 전자파 차폐필름, 자동차 열선유리 등에 쓰일 것으로 전망된다.

그래핀 나노기술 세계시장 규모는 2018년 약 24조 원(Standard Resou-rces, NanoMarkets 2010), 국내시장 규모는 2015년 4조 원에 달할 것으로 전망된다. 이와 같이 나노 재료를 이용한 소프트 재료기술은 최근 신기능 및 고성능화의 핵심으로 각광받고 있으며 향후 지속적으로 IT 기술과 결합해 고도화된 기능성 소프트 일렉트로닉스 기술로 발전할 것이다.

○ 개발제품

- 무기그래핀 방열 코팅재(MTCC, Mefa Thermal Conductive Coat)[24]

졸겔(Sol-gel)방식의 초 내열 무기바인더와 초전도성 그래핀 소재로 융복합된 무기방열 코팅소재로 고내열성(최대 2000℃)과 내식성(신화방지)을 갖는 것을 특징으로 하는 첨단 방열코팅 신소재이다. 세계 최초의 그래핀막과 불순물인 산화막을 분리하는 산화 화학분리방식의 그래핀 방열코팅재로써 스프레이로 쉽게 그래핀 코팅이 가능하다. 기존 방열 코팅재는 95%이상 유기 또는 유, 무기복합형 방열 코팅재로고열이 발생하는 장치에는 사용할 수 없었으나, 초 열전도성 방열코팅재(MTCC)는 최대 2000℃ 내의 분위기 온도에서 사용가능하다.

무기그래핀 방열코팅재는 고방열 회로기판소재, 고방열 열가소성 패키지, 고열전도성 접착제 소재로 활용된다. 고방열 회로기판소재: LED조명, LED헤드램프, 자동차, PCB회로기판의 코팅으로 방열 해결한다. 고방열 열가소성 패키지: 기존 시트 방열방식을 간단한 스프레이 방식으로 해결한다. 고열전도성 접착제 소재: 디스플레이부품(LCD, PDP, LED) 및 소형 IT기기(휴대폰, PDA등)의 수평 열전달 해결한다.

방열소재의 적용분야별 요구특성 및 MTCC기술비교

적용분야	요구특성	MTCC	이유
TV가전용, PC용 Heat sink	10W/m.K	20배	TV 가전제품의 슬림화 급속히 진행

24) 무기그래핀방열코팅재, 에코인프라홀딩스, 2014

TV, PC, Note PC용 외장재	3W/m.K	70배	TV 가전제품의 슬림화 지속 넷북시장 노트북시장의 60%이상 점유
휴대폰 외장재	3W/m.K	70배	스마트폰 비중 증가
LED용 방열소재	20W/m.K	10배	2011년 84억불 두 배 성장
광픽업	5W/m.K	40배	저가격화 진행

- 절연성 방열코팅재(MITCC)[25]

졸겔(Sol-gel)방식의 유, 무기 하이브리드 바인더와 초전도성 그래핀 소재로 융복합된 절연성 방열코팅소재로 탁월한 절연성과 열전도성을 갖는 것을 특징으로 하는 첨단 인쇄회로기판용 절연성 방열코팅신소재이다. 세계 최초의 그래핀막과 불순물인 산화막을 분리하는 산화 화학분리방식의 절연성 그래핀 방열코팅재로써 스프레이로 쉽게 박막형 그래핀 코팅이 가능하다. 고방열 및 절연성을 동시에 만족할 수 있는 차세대 방열 그래핀 소재와 방열이 요구되는 다양한 인쇄회로기판 및 반도체 실장 패키지에 직접 코팅하여 추가적인 방열장치가 필요 없는 박막형 초경량 그래핀 코팅재이다.

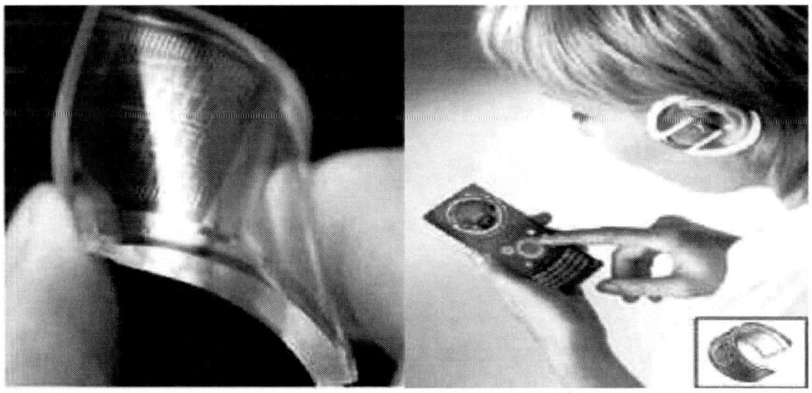

절연성 방열코팅재　　　　절연성 방열코팅재 활용

25) 무기그래핀코팅재, 에코인프라홀딩스, 2014

Ⅲ. 방열소재 활용분야

1. 자동차

미국의 한 통계 자료에 의하면 전자 소자의 고장은 55% 정도가 온도에 의하여, 19% 정도는 습도에 의하여 야기되는 것으로 나타났다. 발열 문제는 전자기기에 있어 치명적인 문제인데 현재 자동차 차체 내에 전자기기 사용량 증가, 전자소자의 고집적화, 자동차의 전력사용량 급증으로 인하여 열 밀도가 급격히 증가하는 문제가 발생하고 있다.

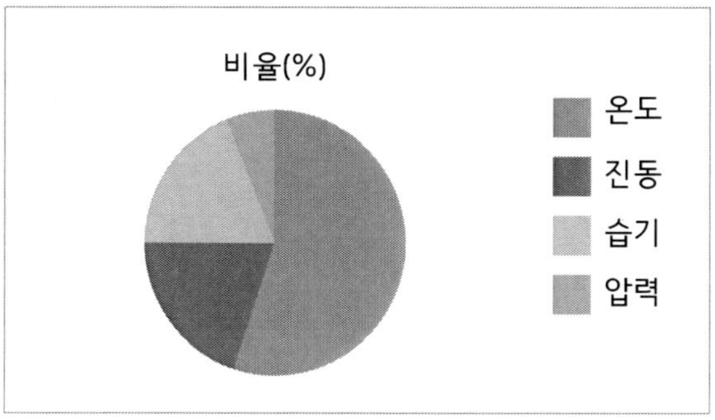

전자 소자의 고장 원인 (그래프)

전자 소자의 고장 원인

원인	온도	진동	습기	압력
비율	55%	20%	19%	6%

이에 따라 사막부터 영하 수십 도의 극지에서도 운행되는 자동차의 특성상 이러한 방출열은 소자의 기능을 저하시킬 뿐만 아니라 주변 소자의 오작동, 기판 열화 등의 원인이 되고 있어 방출 열을 제어하는 기술에 대해 많은 관심과 연구가 이루어지고 있으며 신업적으로 가장 보수적인 시장 중 하나인 자동차 부품소재 시장에서 많은 신 시장 창출이 실현되고 있다.

이차전지는 노트북·스마트폰 등 첨단 IT기기의 성장과 함께 비약적으로 수요가 증가하였다. 최근 소형IT 시장은 성숙기에 접어들고 환경에 대한 사회적·제도적 관심이 늘어나며 친환경 에너지라는 새로운 영역으로 이차전지 시장이 확대되고 있다. 과거 대형 에너지저장장치(ESS)가 가장 큰 비중을 차지하던 이차전지 시장은 최근 전기자동차 시장이 성장하며 차량용 이차전지가 ESS 시장 규모를 넘어서고 있다. 특히 전기자동차는 환경 규제가 강화될수록 성장 동력이 강화되는 시장으로서 국내뿐 아니라 중국에서도 급격히 성장하고 있어 네패스 입장에서도 주목할 필요가 있다.

이차전지 산업의 활황이 예상되면서 이차전지 소재 제조업체들도 덩달아 판을 키우고 있다. 이차전지에서 높은 비중을 차지하고 있는 4대 핵심 소재는 양극재, 음극재, 분리막, 전해질을 말한다. 그러나 이러한 소재들은 이미 일본과 중국의 유수 업체들이 상당한 M/S를 점하고 있고, 국내기업으로는 엘앤에프, 코스모신소재, 포스코켐텍 등이 시장을 잡고 있다. 차별화된 기술을 확보하지 않는 한, 후발주자가 진입하기에는 상당히 어려운 것이 현실이다. 그러나 시장이 여전히 필요로 하는 기술들은 남아있다.

예전 과거 갤럭시노트7이 배터리 발화로 인한 폭발로 판매가 중단된 적이 있다. 이뿐 아니라 리튬이온배터리의 폭발 소식은 매해 심심치 않게 들려오는 뉴스다. '방열(열 방출)'은 과거로부터 모든 전자기기가 풀어야 할 숙제이지만 특히 자동차용 이차전지는 충전과 방전이 반복되면서 제한된 공간에서 상당한 양의 열이 발생한다. 이는 인명과 직결되는 화재의 위험성 뿐 아니라 배터리 수명 또한 단축시킬 수 있어 배터리 제조업체들이 다양한 방열 방식을 개발·적용해 오고 있다.

이차전지 방열 패드는 3M 등 현재 몇몇 일부 기업들이 주로 공급하고 있다. 그러나 전지의 고용량화가 진행될수록 방열 솔루션에 대한 기술적 요구 수준도 점차 높아지면서 국내외 타기업들도 연구 개발에 한창 몰두하고 있다. 네패스도 전기자동차용 이차전지와 관련된 신사업을 검토한다면, 현재 개발 중인 방열 소재에 대한 기술을 활용하여 충분히 검토해 볼만한 사업으로 보여진다. 또한 필름 분야도 눈 여겨 볼만하다. 눈에 드러나지는 않지만, 자동차용 배터리 팩 제조에는 다양한 종류의 필름들이 사용되고 있다. 배터리 셀의 팽창을 막기 위한 압연 테이프, 배터리 팩 Metal Case 내부의 Spark 방지를 위한 절연 테이프, 배터리 팩 조립에 필요한 양면 테이프 등 다양한 종류의 필름들이 적용되고 있다. 현재 필름 시장은 3M, Nitto Denko 등 소수의 업체만이 제품을 생산,공급하고 있어 이러한 틈새시장을 주의 깊게 지켜봐야 겠다.

현재 디스플레이 사업부에서는 이차전지에 사용되는 리드탭과 선극 절연막을 개발·제조하며 이차전지 산업에 이미 발을 내딛었다. 네패스는 '고객의 수요를 지닌 서비스와 제품을 제공하는 명품회사'로서 자사가 보유한 방열 소재 기술과 필름 사업으로 같은 비전을 향해 역량을 모을 수 있을 것이다.

1) 자동차용 방열소재 시장동향

자동차 산업은 방열소재 수요가 급증하는 대표적인 분야이다. 특히 전기자동차(EV)의 등장과 차량 전장화(전자화)로 인해, 자동차용 방열 소재 시장은 최근 몇 년간 폭발적인 성장을 보이고 있다. 전기차 배터리 팩에는 배터리 셀의 열을 균일하게 전달하기 위한 열 인터페이스 재료(TIM)가 대량 사용되며, 전력 변환 장치(인버터, 컨버터)와 구동 모터에도 효율적인 방열이 필수적이다. 전기차 한 대에는 수십 개 이상의 방열 패드, 갭필러 등이 사용되어 배터리와 냉각판 사이의 미세 틈을 메우고 열을 전달한다. 그 결과 전기차 열관리 부문은 방열 소재 시장의 핵심 동력원이 되었으며, 2020년대 중반까지 연평균 두 자릿수에 가까운 높은 성장률이 예상되고 있다.

내연기관 차량에서도 전장부품 증가로 방열소재 수요가 꾸준하다. 과거 차량의 주요 열원은 엔진과 냉각수 계통이었지만, 현대 자동차에는 LED 헤드램프, ADAS 센서(레이더, 라이다 등), 고출력 오디오 및 인포테인먼트 시스템, 전장 ECU 등 다양한 전자장치가

탑재된다. 이들 부품은 각기 발열을 수반하며, 신뢰성을 위해 열을 효과적으로 빼내야 한다. 예를 들어 LED 헤드램프 모듈에는 LED 칩의 수명을 확보하기 위해 알루미늄 히트싱크와 방열 접합소재가 사용되고, 레이더 센서나 통신모듈은 기밀 밀폐되어 있어 내부에 열전도 시트와 같은 소재로 열을 분산시킨다. 자동차용 방열소재 시장은 이러한 수요에 힘입어 꾸준한 성장을 이어가고 있으며, 글로벌 소재 업체들은 자동차 전용 방열제품 라인업을 확대하고 있다. 특히 안전성과 내구성 기준이 엄격한 자동차 분야 특성상, 고신뢰성의 실리콘 기반 소재나 난연 특성을 갖춘 방열소재 등의 개발이 활발하다.

자동차 방열 관련 소재부품 시장은 전체 방열 부자재 시장의 10%를 차지하고, 업계 전문가 의견에 따르면 자동차 방열 관련 소재부품 시장 중 탄소/고분자 복합소재 시장은 향후 자동차 방열 관련 소재 부품 시장의 최대 약 50%를 차지할 것으로 전망되고, 특히 자동차 관련 부품 소재 시장은 국내가 세계 시장의 7%를 차지하므로, 이를 토대로 향후 시장 규모를 전망하면 다음 표와 같다. 또한 자유로운 디자인, 금속 대체 경량화, 생산성 기반 원가 절감 니즈가 더욱 반영될 경우 자동차 방열용 탄소/고분자 복합소재의 시장 규모는 예상보다 더 커질 가능성이 높다고 전망된다.

시장 트랜드로 본 자동차용 고방열 소재부품 시장에서의 가장 중요한 사업화 요소로는 크게 네 가지로 분류되며, 구체적으로 방열특성, 가격, 생산성 및 디자인, 경량화, 그리고 극한 환경 신뢰성 및 안정성이다. 우선 방열특성 면에서 살펴보면, 현재의 기존 알루미늄 소재의 경우 열전도도 237W/m,k이고 열방사율는 0.01~0.02인데 반하여 아래 표와 같이 탄소/고분자 복합소재가 도입되는 경우 열전도도로 인하여 열방사율은 매우 높아진다.

탄소소재 재료의 열전도도, 열방사율 비교

	흑연	amorphous carbon	탄소나노큐브	그래핀
열전도도 (W/mK)	25-470	0.3-10	~3500	4800-5300
열방사율	0.97	0.81	0.97	-

그리고 알루미늄 방열 소재부품 재료가 저렴하나 생산 시 적용되는 다이캐스팅 공정시 적용되는 가공 및 후처리 공정을 고려 시 불량률로 인한 생산성이 낮은 것에 반하여 탄소/고분자 방열 복합소재의 경우 생산성이 우수한 압사출 프로세스가 사용되므로 부품으로 제작 시 가격은 알루미늄 제품과 현재 거의 동등하게 되며 디자인 측면에서는 탄소/고분자 복합소재가 우수하다.

또한 자동차용 차세대 기능성 소재의 가장 큰 요구사항인 경량화 측면에서도 탄소/고분자 복합소재는 기존 경량 금속 대비 30% 이상의 경량화가 가능하여 자동차용 방열 탄소/고분자 복합소재로서의 성장가능성이 매우 크다. 그리고 자동차의 경우 사막이나 극지에서도 사용되므로 그러한 곳에서도 사람의 생명을 보호할 수 있는 안전성 및 극한 환경 신뢰성 검증이 있어야 한다.

이 점에서 탄소/고분자 방열 복합소재는 아직 검증이 완전히 되지 않아서 그러한 곳까지의 시장 확대 시점은 정확히 언급하기가 힘들다. 그러나 탄소/고분자 복합소재 제품의 경우, 이미 디스플레이 등의 IT 전자제품용 부품소재에 적용되고 있으므로 타 분야에서의 신뢰성 및 안전성 평가가 완료되는 향후 4~5년 이내 시장은 급속히 성장할 것으로 전망된다.

탄소/고분자 복합소재는 종래 범용 EP, 알루미늄, 세라믹 등의 자동차용 방열소재와 비교하여 열전도율 측면에서 우수하지는 못하지만, 자동차의 경량화를 통한 연비 향상 측면에서 볼 때 가장 가벼운 소재라 할 수 있고, 또한 성형이 용이하다는 장점으로 인하여, 열전도율을 알루미늄, 세라믹 수준으로 향상시킬 경우 종래 자동차용 방열 소재를 대체할 가능성은 매우 높은 것으로 전망된다.

그래서 현재 국내의 LG그룹, 삼성그룹은 자동차 전장부품 시장을 신 성장 동력산업으로 규정하고, 특히 탄소와 고분자의 복합소재를 핵심부품으로 적용하기 위한 탄소/고분자 복합소재의 열전도율 향상 기술개발에 매진하고 있다.

2) 자동차용 고방열 탄소/고분자 복합소재 기술동향

자동차 분야에서는 경량화 요구가 크기 때문에, 고방열 탄소/고분자 복합소재에 대한 관심이 높다. 이는 플라스틱 매트릭스에 탄소계 필러(흑연, 탄소섬유 등)를 첨가하여 열전도도를 극대화한 복합재료로, 금속 대체 소재로 주목받고 있다. 예를 들어 전기차 배터리 모듈의 하우징이나 전자제어장치(ECU) 케이스를 알루미늄 대신 고방열 플라스틱으로 만들면 차량 무게를 줄이고 제조 공정을 단순화할 수 있다. 이러한 복합소재는 사출성형이 가능하여 복잡한 형상의 부품도 일체성형 할 수 있고, 금속 대비 50% 이상 경량화가 가능하다. 최근에는 열전도성 탄소섬유를 수지에 직교 배향하거나, 그래핀 등의 나노물질을 혼합하여 열이 특정 방향으로 잘 흐르도록 필러 배향 기술을 개발하고 있다.

고방열 탄소복합재는 자동차의 다양한 부품에 적용 가능하다. 예를 들어 LED 헤드램프의 방열 하우징을 알루미늄 다이캐스팅 대신 탄소섬유 강화 복합재로 만들면 무게를 줄이면서도 LED에서 발생한 열을 외부로 전달할 수 있다. 또한 모터 제어기 인클로저나 온보드 충전기 커버 등에 이 소재를 사용하면 부품 일체화가 용이해지고 절연 특성도

확보된다. 현재 자동차용 탄소/고분자 복합 방열소재 기술동향은, 더 높은 열전도도(예: 10 W/m·K 이상)를 달성하기 위한 필러 조성 연구, 장기 신뢰성 향상을 위한 표면 처리 및 코팅 기술, 그리고 대량 생산 공정 최적화에 초점이 맞춰져 있다. 일부 선도적인 소재 기업과 자동차 부품사는 그래핀 옥사이드 기반 복합재나 탄소나노튜브 복합재를 시험 적용하며, 금속 방열판을 대체할 수준의 성능을 검증하고 있다. 이러한 고방열 경량 복합소재는 향후 전기차의 주행거리 향상과 효율 증대에 기여할 것으로 기대된다.

방열 부품에는 일반적으로 열전도성이 낮은 수지성분(매트릭스)에 금속 혹은 탄소재료나 세라믹 소재 같은 고열전도성 필러 소재를 다량으로 충전함으로써 열전도 및 방열 성능이 얻어진다. 고방열 복합소재는 기존 고분자 재료의 장점인 용이한 가공성, 저비용, 경량성, 제품형태의 다양성 등을 그대로 유지하면서 도전특성과 절연특성을 보유하고 있다.

복합 소재로 사용되는 이유는 고열전도성 무기 필러 소재가 열전도성이 우수하나 접착력이 없고 고분자 소재는 접착력은 우수하나 열전도성은 낮기 때문이다. 그러나 고분자 복합 재료의 높은 열전도도를 달성하기 위해서는 많은 양의 필러가 들어가게 되는데 이러한 경우에는 가공이 어려워지고 제품의 물리적 성질이 저해되는 문제점이 있다.

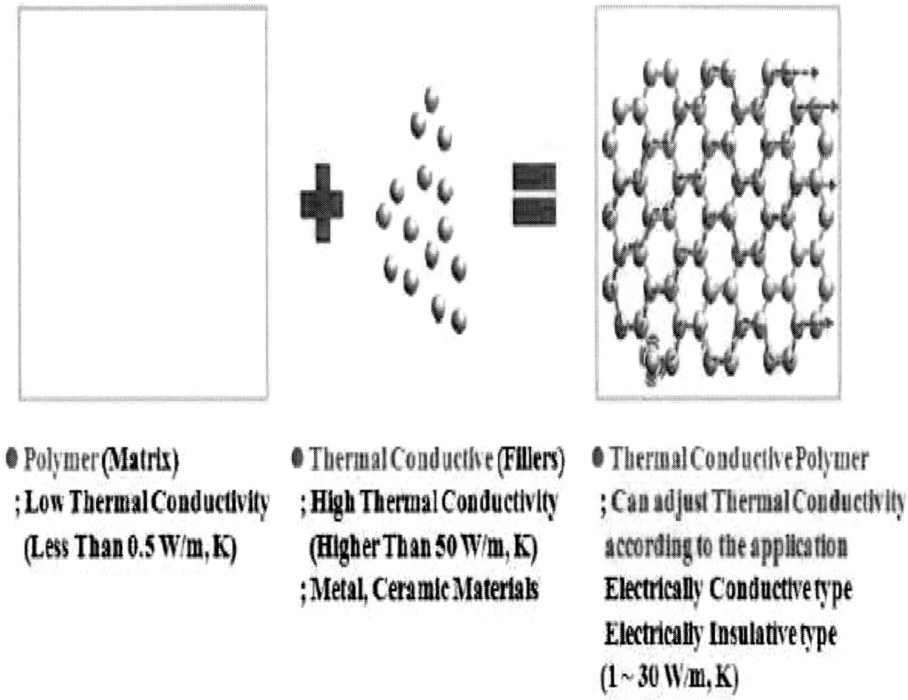

고분자 기반 방열 복합소재 구성 성분

자동차용 방열 소재로 사용되기 위해서는 열전도도가 대략 1~30W/m,k 값을 가져야하고 방열소재로는 금속, 세라믹, 카본 등의 열전도성 필러와 고분자로 이루어진 복합재료

를 채택하여 사용하는 경우가 증가하고 있다. 그라파이트(Graphite), 탄소나노튜브(Carbon Nanotube), 탄소섬유(Carbon Fiber), 그래핀(Graphene) 등의 탄소계 필러들은 열전도도가 높고 기계적 물성이 우수하며 가벼워서 고기능성 복합재료가 필요한 분야에서 응용이 기대되는 신소재들이다.

특히, 그라파이트는 우수한 열전도도, 저렴한 가격, 양호한 매트릭스 내에서의 분산성 때문에 최고의 필러로 인식되고 있다. Expanded graphite(EG)는 두께가 20~100nm의 층으로 그라파이트가 박리된 상태를 말하며 고분자의 복합재료로 많이 사용되어 왔고, 복합재료의 열전도도는 EG가 박리된 정도, 분산상태, 종횡비에 따라 달라진다고 보고되고 있다. 탄소나노튜브는 3,000W/m,k 이상의 우수한 전기전도도 값을 가지며 종횡비가 커서 소량만 첨가하여도 열전도도가 향상된다.

고분자 기반 방열 복합소재 소재별 열전도도 (단위: W/m,k)

Matrix		Thermal Conductive (Fillers)			
Polymer		Metal		Ceramics	
PP	0.12	Ag	430	Graphene	~5000
HDPE	0.52	Cu	400	CNT	~3000
PA66	0.22	Au	320	Diamond	~2300
PET	0.15	Al	250	Carbon Fiber	~800
PBT	0.29	Fe	80	Graphite	~200
PPS	0.4	Pb	35	BN	~150
ABS	0.2	Stainless Steel	15	AIN	~80
PC	0.2			MgO	~60
				Al2O3	~30
				ZnO	~20

최근 신소재로 각광받고 있는 그래핀 소재는 이론적으로 높은 열전도도와 높은 분산성, 낮은 가격을 바탕으로 차세대 탄소/고분자 방열 복합소재로써 연구가 활발히 진행 중이다.

3) 자동차용 방열 재료의 기술동향

자동차 산업 전반에서 방열 소재 기술은 고출력 전장품의 신뢰성 확보를 위한 방향으로 발전하고 있다. 전기차 인버터와 같이 높은 전류가 흐르는 파워모듈에서는, 반도체 칩을 지지하는 서브스트레이트로 알루미나 대신 질화규소(Si_3N_4)와 같은 세라믹 기판이 채택되어 열전도와 내구성을 향상시키고 있다. 또한 칩과 기판 사이 접합에는 기존 납땜 대신 소결 은(sintered Ag) 재료를 도입하여 열저항을 낮추고 고온에서도 견디도록 하는 추세다. 이처럼 전력전자 부품의 내부 패키징에서 방열재료 혁신이 진행되는 동시에, 모듈

외부에서 냉각판과의 접촉 면적을 넓히는 TIM 개선도 이뤄지고 있다. 예를 들어 전기차 배터리 팩에는 유연한 액상 갭필러를 도포하여 셀과 냉각플레이트 사이 빈틈을 모두 메우는 방식을 쓰는데, 이를 통해 부품 간 미세 공기를 제거하여 열전달 효율을 극대화한다. 최근 갭필러는 현장에서 경화되는 액상 타입이 주류가 되고 있으며, 점도 조절과 저경도화 기술로 조립성을 높이고 있다.

능동적 열관리와 연계된 소재 개발도 주목된다. 일부 전기차 배터리에는 특정 온도에서 녹는 상변화 물질(PCM)을 삽입하여 급속충전이나 고부하 시 열 피크를 완화하는 방안이 연구되고 있다. PCM은 고분자 매트릭스에 왁스 계열 물질을 포함시켜 일정 온도 이상에서 흡열 반응을 하도록 설계되며, 배터리 열폭주를 지연시키는 안전 장치로도 활용된다. 또한 배터리 셀 사이에 초소형 히트파이프를 배열하여 열을 빠르게 분산시키는 기술등도 실험적으로 도입되고 있다. 이 경우 히트파이프와 셀 접촉부에 특수 방열재가 적용되어 효율을 높인다.

자동차용 방열 소재는 다기능화 방향으로도 발전하고 있다. 한정된 공간에서 부품 밀도가 높아짐에 따라, 한 가지 소재가 여러 역할을 수행하도록 요구된다. 예를 들어 방열패드가 동시에 전자파 차폐(EMI Shielding) 기능을 가져 별도의 차폐막이 필요 없도록 하거나, 방열 겔 소재가 진동 완충 특성을 겸해 전기차 배터리 셀의 진동 피로를 줄이는 사례가 있다. 아울러 차량 화재 안전을 위해 방열재에는 난연성이 필수 요건이 되고 있다. 이에 따라 UL94 V-0 등급을 만족하는 난연 방열소재 (난연 첨가제가 포함된 실리콘계 열전도 컴파운드 등)가 개발되어 배터리와 전장 모듈에 적용 중이다. 이처럼 자동차 분야의 방열소재 기술동향은 단순히 열전도 성능 향상을 넘어서, 신뢰성·안전성·다기능성을 포괄하는 방향으로 진화하고 있다.

○ 열가소성 폴리이미드 방열 재료의 개발

자동차 전동화에 따라 파워디바이스에 의한 전자제어화가 한층 더 진행되어 최근에 이러한 차 탑재용 파워디바이스에 의한 요구가 매우 많다. 특히 파워디바이스는 고열을 발생하기 때문에 발열재료에 대한 관심이 높고 그 중에서도 자동차의 경량화나 원가 절감에 공헌하는 수지 재료의 고방열화는 근년의 자동차용 수지 개발의 조류의 하나이기도 하다.

일본 미쓰이화학(Mitsui Chemical)에서는 독자의 폴리이미드 설계기술을 베이스로 방열성, 절연성, 접착성을 가진 열가소성 폴리이미드 방열재를 개발하였다. 본 재료의 최대의 특징은 높은 절연성을 가지기 위한 박막화가 가능하다는 점과 수분 정도의 단시간 열압착으로 접착을 완료시킬 수 있다는 점이다. 그래서 고가의 세라믹 기판을 사용하지 않고 실리콘이나 납땜에 의한 접착이라는 부가 공정도 없기 때문에 대폭적인 원가 절감을 기대할 수 있다.

일반적으로 폴리이미드는 절연 신뢰성이 높은 내열 폴리머로 알려져 있어 전자회로기판 용도로서도 실적이 많다. 그러나 폴리이미드는 비열가소성이고, 혹은 열가소성이라 할지라도 높은 유리전이온도(Tg)를 갖기 때문에 저온 단시간에 접착하는 것은 곤란하여 공정에 대한 제약이 크다고 하는 문제가 있었다. 또 한편에는 폴리머에 열전도성을 부여하기 위해서는 일반적으로 알루미나나 질화붕소 등의 방열성 필러를 고충전하는 방법이 사용된다. 그러나 폴리이미드는 강직한 골격이 많아 필러를 고충전하면 딱딱해져 깨진다는 문제가 있었다.

미쓰이 화학에서는 일반적인 회로기판 제조 공정도 적용 가능한 180℃ 이하에서의 단시간 접착과 필러를 고충전할 때도 유연성을 유지할 수 있는 성능을 목표로 폴리이미드 분자 구조에 소프트 세그멘트를 도입하여 저 Tg화와 유연성을 실현하여 저온 단시간 접착성과 필러의 고충전화를 가능하게 하였다. 또 열전도성을 부여하기에 이르러서는 접착성 유지의 관점에서 저충전에서도 고방열성을 얻을 수 있는 질화붕소 필러를 채용하였다. 특히 열전도성의 효율 향상 및 절연성 유지를 위해 폴리이미드의 분자 구조에 수소결합성 관능기를 도입하여 수지와 필러의 계면결합성을 향상시켰다.

이상의 컨셉을 기본으로 방열성, 절연성, 접착성, 내열성을 겸비한 열가소성 폴리이미드 방열재를 개발하였다. 열가소성 폴리이미드 방열재는 액상 타입과 필름 타입이 있다. 개발 재료는 종래의 폴리이미드에 비교해서 방열성이 높고 높은 절연성을 갖기 때문에 파워디바이스의 박형화를 실현하는 냉각용 절연 수지로서 적합하다. 특히 저온 단시간 접착성의 특성을 가지기 때문에 본 개발품을 적용하는 것으로 제조 공정의 단축화(저코스트화)에 연결된다고 생각한다.

자동차의 전동화의 진행과 함께 향후 파워디바이스는 더 고파워화와 고온 동작화가 진행된다고 생각된다. 그것과 함께 고절연화와 고내열화의 요구는 보다 높아지고 있다. 미쓰이화학에서는 독자 기술의 폴리이미드 설계 기술을 베이스로 이러한 요구에 대응하기 위해 신규 수지 개발을 하고 있다.

○ 차량탑재용 방열 재료의 기술개발

자동차의 고성능화에 따라 자동차부품은 전자화가 급속히 추진되고 있다. 또한 전자부품의 소형화, 고밀도화에 의해 이들 부품의 발열량이 현저하게 증가하는 경향이 있기 때문에 우수한 발열성능을 가진 재료가 요구되고 있다. 자동차는 사막으로부터 한냉지까지 가혹한 환경에서 사용되고, 진동을 수반하므로 방열 재료에 대해서는 내열성, 내한성, 내진동성도 필요하다. 이와 같은 요구에 대응할 수 있는 소재로서는 실리콘이 최적이며, 실리콘 방열 재료는 자동차용으로서 높은 신뢰성을 갖는다.

방열용 실리콘재료는 실리콘 폴리머를 베이스로 하기 때문에 다른 유기계 폴리머와 비교하여 내열, 내한성, 내후성, 전기특성 등이 우수하다. 이 때문에 장기신뢰성이 우수한 방

열 재료가 폭넓은 용도에 사용되고 있다. 제품의 종류는 시트상 성형물과 페이스트상 조성물로 분류되며, 사용용도에 따라 구분되고 있다.

원래 자동차 메이커는 자동화에 의한 대량생산방식에 적응할 수 있는 방열 그리스를 사용하는 경우가 많지만, 최근에는 방열 그리스에 대한 요구 성능이 엄해지고 있다. 열전도율의 향상을 요구하고 있는 것은 무엇보다 방열 그리스의 블리드아웃이나 펌프아웃현상이 없는 타입이 요구되고 있다. 방열그리스는 폴리머와 열전도성 충전제의 단순혼합물이므로 사용방법에 따라서는 냉열충격 등에 의해 그리스가 서서히 펌프 아웃되어 방열특성이 급히 나빠지는 단점도 있다. 그러나 제품의 성격상 블리드아웃이나 펌프아웃 현상을 완전히 없애는 것은 매우 곤란하다.

종래 제품은 히트사이클 수가 진행함에 따라 서서히 펌프아웃이나 블리드아웃이 생기는데 대하여 신규개발품은 전혀 초기와 형상이 변하지 않는다. 이와 같은 성상을 가진 신규개발 방열 그리스는 도포 후 가열공정도 필요 없고, 매우 안정적으로 성능을 발휘할 수 있다. 또한 일반 시트상 성형물의 방열 재료에 비해 훨씬 유연하므로 응력에 의한 전자기기의 손상도 걱정할 필요가 없는 이점도 있다.

방열시트는 고경도 방열고무 시트, 저경도 방열 고무시트, 열연화형 페이스체인지 재료로 분류된다. 실리콘계 방열 재료는 지금까지 각종 기기의 전원, 컴퓨터의 CPU나 칩세트 관계에 많이 사용되었지만, 최근 수년은 자동차 전장관계의 방열부품 분야에 폭넓게 사용되고 있다. 앞으로 하이브리드 자동차나 전기자동차의 분야도 수요가 확대될 전망이므로 신제품, 신기술 개발을 한층 추진해야 할 것이다.

2. LED 패키징

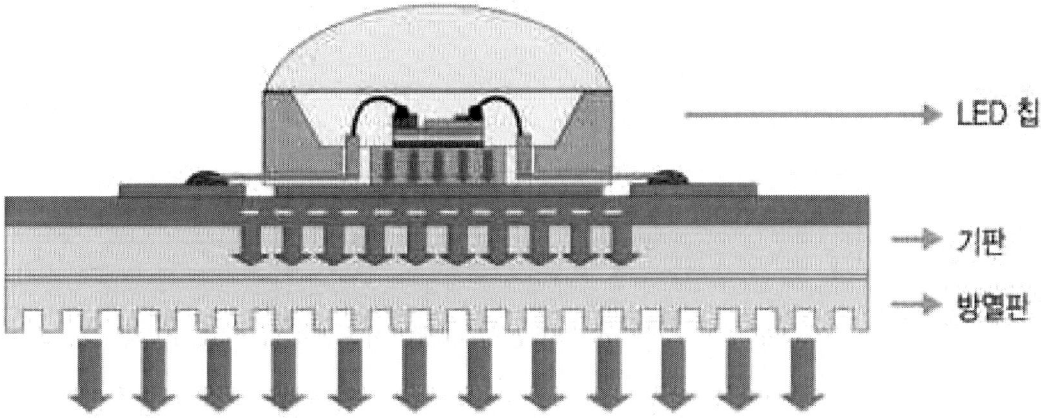

LED 방열 개념도, 출처: 전자신문

LED는 에너지 절약효과가 매우 우수하고, 수명이 길며 수은이 사용되지 않는 친환경제품으로 최근 각광을 받고 있다. 이러한 장점 때문에 조명이나 LED TV의 BLU(Back Light Unit)등 첨단 분야에서 전 세계 시장이 천문학적으로 증가하고 있다.

문제는 가격과 열의 발생이다. 가격은 반도체 특성상 공정개선과 시장 확대에 따라 해결되고 있지만, 열의 발생은 여러 방열기술의 개발에도 불구하고 여전히 문제로 남아있다.

LED는 약 85%가 손실로 전환되며 고온의 방출 열로 인해 접합부의 온도가 증가함으로서 LED반도체의 수명저하를 일으킨다. 오작동이 일어나는 평균시간은 소자 작용 온도가 10℃상승할 때 수명은 2배 감소하는 것으로 알려져 있다. 이를 막기 위해서 high power LED의 경우 고방열 기판을 사용하고 있으며 이에 따라 고방열 소재에 대한 수요가 급격하게 증가하고 있다.

LED 방열에 있어 주목 받는 소재는 크게 세 가지다. 사출형태로는 탄소복합 소재가 떠오르고 있다. 사출 부품의 경우 열을 잘 전달할 수 있는 충전재가 핵심이다. 충전재 분산 상태나 배향도 등이 방열 소재 성능에 큰 영향을 끼치는 만큼 이 분야 연구가 활발하다.

일본에서는 절연 시트에 대한 관심이 높다. 일본화약, 히타치케미컬 등이 폴리머 특성을 향상시켜 10W/mk(열전도율 단위) 이상 절연시트를 내놓은 바 있다. 국내에서는 전자부품연구원이 필러 함량을 낮추고도 방열 네트워크를 향상시키는 방식으로 열전도도가 15W/mk 이상인 소재를 개발했다.

액정과 같은 고방열성 수지를 활용하는 방식도 있다. 액정 구조를 어떻게 하느냐에 따라 열전도가 달라질 수 있다는 사실에 착안한 방식이다. 부품 설계를 통해 방열 성능을 높이는 방법도 있다. 메탈 인쇄회로기판(PCB)을 이용하거나 히트싱크를 연결하는 것이 대표적이다.

발광다이오드(LED)에 흐르는 전류 중 70%는 열로 변하는데, 이 과정에 LED 단자에 손상을 준다. 독자 방열기술로 이 열을 효과적으로 낮추면 기존 5~7년가량인 LED 수명이 20년까지 늘어난다.

이런 상황에서 우리 기업이 LED조명 수명을 획기적으로 늘려주는 방열기술로 국내외 조명시장을 개척하는 중이다. 인도네시아 태양광LED가로등 사업 수주 경쟁에서 독일 일본 미국 등 선진 10개국 기업을 제치고 사업권을 따냈다며 인도네시아 에너지·광물자원부장관 등이 직접 우리 공장을 방문해 생산 현장을 둘러본 뒤 정식 계약하면 곧바로 생산에 들어갈 예정이라고 말했다. 자체 생산한 LED 조명등과 지지대에다 국내 대기업으로부터 태양광전지 패널을 납품받아 내년에 1,000억원 상당 등 3년간 51만 세트, 총 3,570억 원어치를 공급하게 된다. 이미 인도네시아 에너지부 장관의 최종 승인까지 난 상태라고 밝혔다.

경쟁력은 독보적 기술에서 나온다. LED 조명에서 발열 문제는 업계 최대 골칫거리다. 테크엔도 2009년 회사 설립 후 발열을 해결하기 위한 관련 기술 개발에 집중했다. 기본 원리는 LED에서 발생한 열을 금속 전도체로 된 방열 핀을 이용해 라디에이터로 신속히 발산하는 것이다. 이전까지는 기껏 LED 단자와 라디에이터 사이에 구멍을 뚫는 것이었지만, 이 대표는 그 구멍에 금속을 채우는 방법을 시도했다. 효과 만점이었다. 광효율이 좋아지고 수명도 획기적으로 길어졌다. 효율이 높아진 만큼 LED사용량을 줄일 수 있어 가격경쟁에서도 앞설 수 있다.

금속 소재는 처음엔 납, 다음엔 구리를 쓰다가 마지막으로 은으로 바꿨다. 쉬워 보이지만 고도의 기술이 필요하다. 타사 제품은 주로 알루미늄을 쓰는데, 우리는 열전도율이 훨씬 높은 은을 사용해 품질이 월등하다며 은이 비싸지만, 소량으로도 최고의 방열 효과를 내기 때문에 동급 타사제품보다 생산비를 10~20% 낮출 수 있다고 자랑했다. 동을 채운 기술로 2011년 대한민국 기술대상 특별상, LED 단자에 은을 박아서 방열 속도를 20배 이상 높인 기술로 2016년 신기술개발분야 대통령상을 받았다.

1) 고출력 LED 패키징의 종류 및 특징

LED(발광 다이오드) 조명 소자는 반도체 칩에서 빛이 나오며 동시에 열도 발생시키기 때문에, 패키징 단계에서 효과적인 방열 설계가 중요하다. 고출력 LED의 패키징 방식은

다양하며, 각각 구조적 특징과 방열 특성을 갖고 있다.

기존의 LED 패키징은 주로 플라스틱 몸체를 가지는 패키징이며, 기존의 정보표시 소자들은 리드프레임(leadframe)에 에폭시 수지로 몰딩하는 램프형의 패키징이 주로 사용되어 왔다. 이 경우 열방출은 전기적인 연결을 수행하는 리드프레임을 통해서만 가능하므로 열방출 효과가 미흡하여 열저항이 매우 높게 되어 고출력 LED용으로는 이러한 패키징은 적합하지 않다. 현재 대부분의 고출력 LED 패키징은 표면 실장형으로서 플라스틱 몸체에 열전도도가 우수한 구리나 알루미늄 등의 금속 히트싱크(Heat Sink)를 칩하단 위치에 채용한 형태가 주류를 이루고 있다. 플라스틱 패키징은 패키징 몸체가 열전달이 어려운 플라스틱으로 이루어져 주로 리드프레임 만으로 열방출을 한다. 따라서 기존의 램프형 패키징의 열저항은 300℃/W 이하, 리드선의 개수가 4개이고 램프형 패키징에 비해 굵은 Flux형 LED 패키징의 경우도 약 150 ℃/W 부근의 열저항을 가지고 있다. 그러나 LED 칩 하단에 금속 히트싱크를 채용한 고출력 패키징의 경우 10℃/W 이하로서 방열 성능이 매우 우수하다.

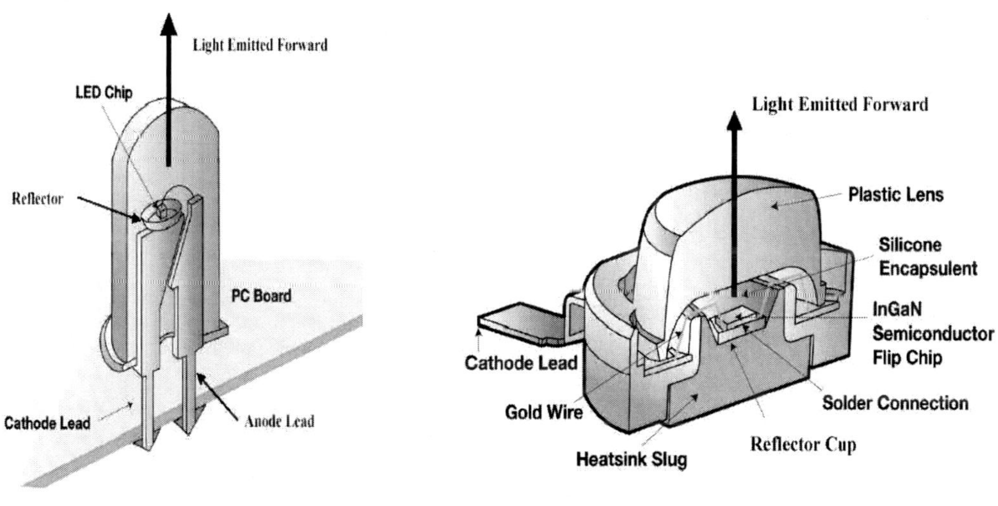

일반 램프형 LED 패키징과 고출력용 LED 패키징

웨이퍼레벨 패키징(Wafer Level Packaging, WLP)은 웨이퍼 상태 및 반도체 FAB 공정에서 패키징 제조가 이루어지는 형태를 의미하며, 매우 사이즈가 작고 다른 반도체 소자와도 집적화가 가능하다는 장점을 가지고 있다. 실리콘 기반의 WLP는 실리콘 기판을 MEMS 공정으로 가공하여 패키지로 사용하며, 단결정 실리콘 기판의 우수한 열방출 효과와 함께 소형 및 다중배열 형태의 구조가 가능한 장점이 있다. 그러나 단결정 기판을 사용하므로 습식 에칭 방법으로 식각하여 리플렉터를 제작할 때 리플렉터의 각도를 마음대로 변경할 수 없는 단점이 있다. 이에 비해 세라믹 기판을 기반으로 한 WLP는 박막 또는 후막으로 기판 표면에 패턴을 형성하고, 기판 표면을 식각하는 대신 평면상에 LED

칩을 실장하고 렌즈를 성형하여 부착하는 형태로 대량 생산과 저가격화에 유리한 방식으로 주목을 받고 있다.

NanoLED (LEXEDIS) HyLED (Hymite) XIOB (LG Innotek)

실리콘 기반의 LED 웨이퍼레벨 패키징(WLP)

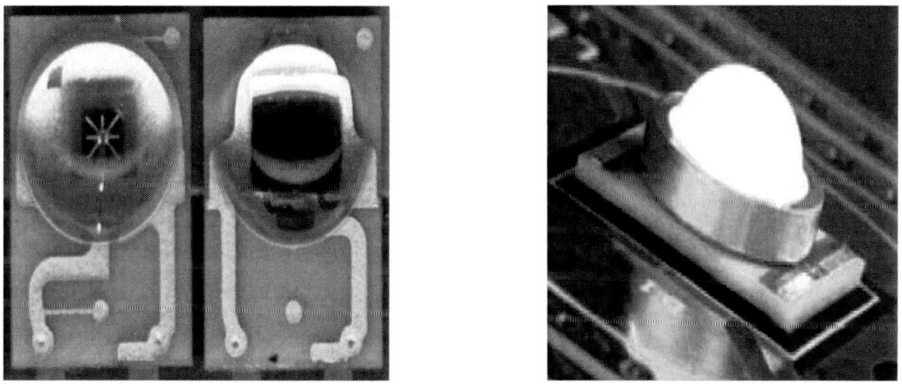

세라믹 기반의 LED 웨이퍼레벨 패키징(WLP)

세라믹 적층 패키징은 패키지 몸체가 세라믹으로 이루어져 있는 것으로 기존 플라스틱 몸체에 비해 방열 성능이 우수하며, LED 칩과 유사한 열팽창 계수를 가지고 있어, LED 패키징 제조 중 또는 사용 중의 지속적인 온도변화에도 불구하고 장기적인 신뢰성이 우수하며 부피가 작아 소형화가 가능하고 복잡한 배선 형성이 가능하다는 장점을 가지고 있다. 세라믹 패키징은 무기물 소재로서 자외선에도 매우 안정하므로 자외선에 취약한 플라스틱 패키징 대신 UV LED 응용에도 적용이 가능하다. 또한, 세라믹 패키징의 열방출 효과를 더 높이기 위해 플라스틱 패키징과 같은 방법으로 칩 하단부에 방열용 비아홀(thermal via)을 형성하거나 금속 물질(heat slug)을 부착하는 경우도 증가하고 있다. 적층 세라믹 패키징은 적층 및 후막 제조공정을 이용하여 LED 패키지의 몸체와 리드선을 제조한 것으로 기존에 사용되던 통신용 세라믹 인덕터나 콘덴서, 필터 등과 제조공정이 매우 유사하며 1,000℃ 이하에서 소결이 가능한 LTCC(Low Temperature Co-fired Ceramics) 소재와 고온 소결이 필요한 알루미나(Al2O3)와 같은 HTCC(High Temperature Co-fired Ceramics) 소재로 나눌 수 있다.

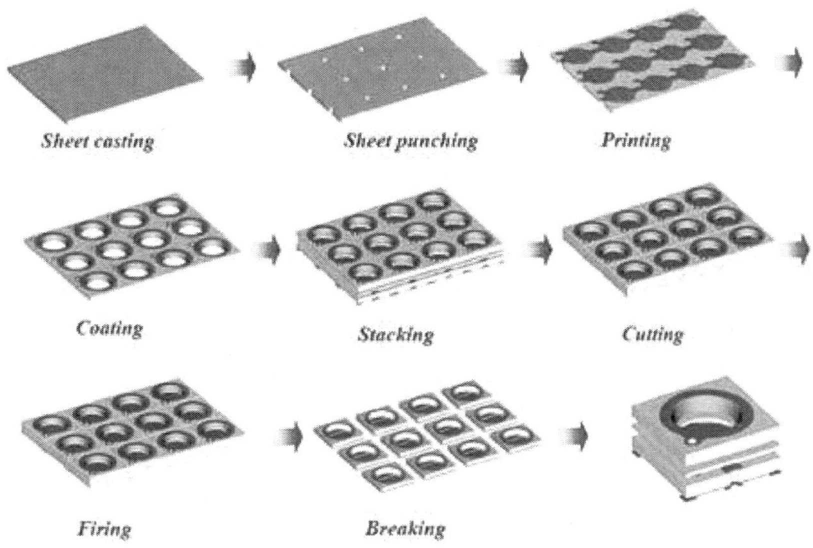

세라믹 적층 LED 패키징 제조 공정 (출처 : Ceratech)

적층 세라미 패키징에서는 방열 성능 향상을 위해 방열용 비아홀을 형성하거나 금속물질을 칩 하단에 위치시킴으로 인해 열저항을 감소시킬 수 있으며, 방열 대책이 되어 있지 않은 일반 LTCC LED 패키징 및 세라믹 기반의 WLP와의 열저항을 비교하였다.

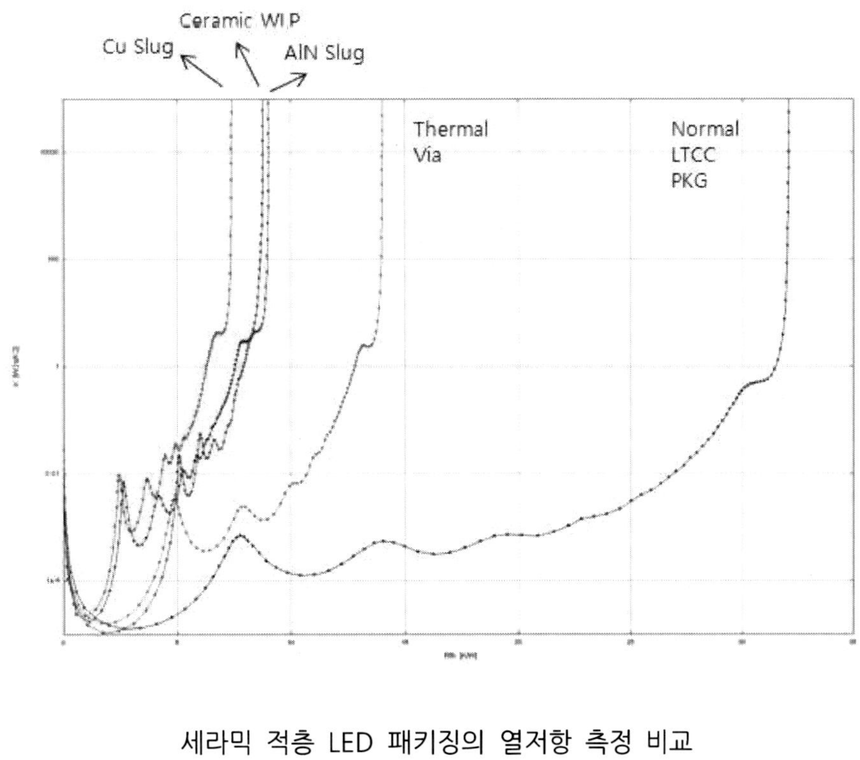

세라믹 적층 LED 패키징의 열저항 측정 비교

Multi-chip 패키징은 최근 단위 패키징 내에 여러 개의 칩을 실장하여 고출력을 내는 조명으로 사용하려는 시도가 많아지고 있다. 따라서 한 개의 패키지 내에 여러 개의 칩을 내장하기 위해 Substrate type의 LED 패키징의 개념을 확장한 형태의 패키징이 개발되고 있다. 향후 조명 출력이 계속적으로 향상되면서 그 수요는 더욱 늘어날 가능성이 큰 것으로 전망된다. 대표적인 패키징이 자동차용 헤드라이트용으로 개발되고 있는 Osram의 Ostar이다. 이 패키징은 AlN 기판상에 금속 패턴을 형성하고 5개의 LED 칩을 부착한 것이다.

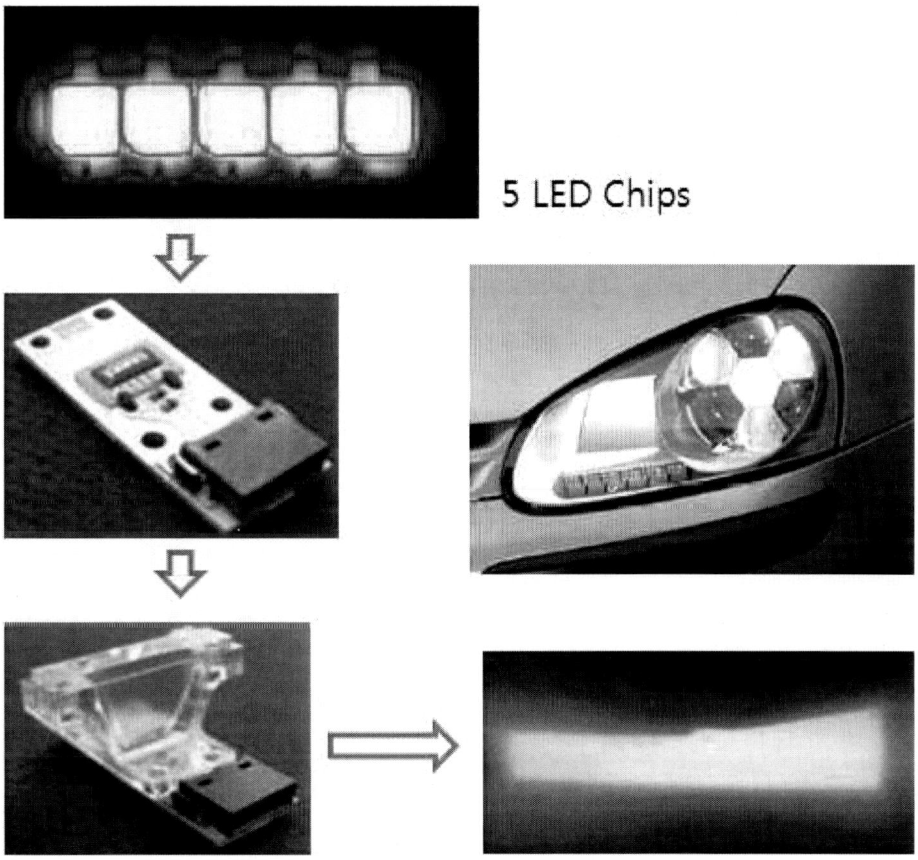

Multi-chip 패키징을 이용한 자동차 전조등 (출처:Osram)

금속 패키징(Metal Packaging)은 패키지의 몸체를 열전도도가 낮은 플라스틱을 사용하는 대신 열전도도가 높은 구리나 알루미늄과 같은 금속을 사용하여 패키지의 방열특성을 극대화한 패키징이다. 금속 몸체의 가공은 기계 가공으로 제조하기 어려우므로 금속분말 사출성형법을 많이 이용하고 있다. 이 방법은 금속 분말을 유기 바인더와 혼합하고 사출성형법으로 성형한 뒤 바인더를 제거하고 소결하는 공정을 거쳐 제조하는 방법을 사용한다. 단순한 사출성형만으로는 매끄러운 외관이 나오지 않아 2차 가공으로 외관의 치수 등을 다시 조절하여야 하는 경우가 발생하기도 한다.

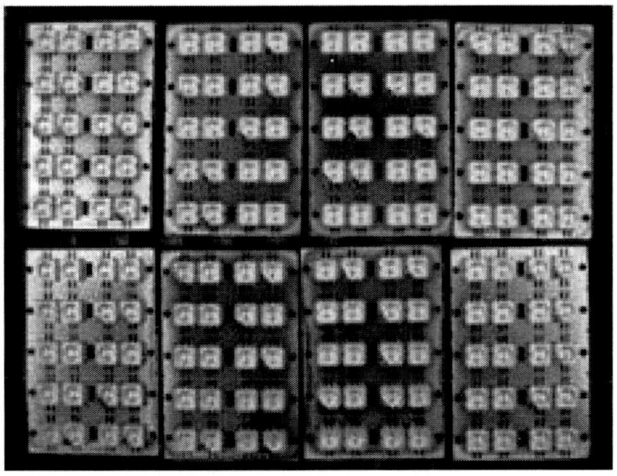

고출력 LED용 금속 패키징 (출처 : Intops)

COB(Chip on Board)는 LED 모듈에서의 열방출은 소재 자체의 열전도도에도 영향을 받지만 소재와 소재간의 계면에서의 접촉저항에 의해서도 큰영향을 받게 된다. 따라서 LED 모듈을 구성하는 여러 요소 중에서 일부 제거하거나 두 가지 구성요소를 일체형으로 만들어 열저항을 저감하는 기술에 대한 연구개발이 진행되고 있다. 이중에서 패키지와 PCB 기판을 일체화한 것이 COB이며, 이는 칩을 패키지 내부에 실장하고 밀봉하여 제조하는 대신에 PCB 기판 위에 직접 칩을 실장하고 그 위에 렌즈를 성형하는 방식을 사용한다. 이러한 패키징은 칩에서 발생한 열이 유출되는 경로를 줄임으로써 전체적인 방열효과를 증대시키는 데 유리한 장점이 있으며 패키징 자체의 높이가 줄어들게 된다.

(a) Mforce(Matsushita) (b) Ostar(Osram)

열저항 감소를 위한 COB 기술

2) LED용 방열소재 기술동향

LED 패키징 분야에서는 열 방출 효율을 높이기 위한 소재 개선이 지속되고 있다. 우선 패키지 자체의 기판 소재로, 기존의 알루미나(Al_2O_3)보다 열전도가 뛰어난 질화알루미늄(AlN) 세라믹 기판이 고출력 LED에 도입되고 있다. AlN 기판은 비싼 대신 열저항을 크게 줄여주어, LED 칩에 더 높은 전류를 흘려도 안정적인 온도를 유지할 수 있게 한다. 또한 LED 패키지 바닥면에 구리 히트싱크를 직접 구성하거나, PCB에 장착 시 금속코어 PCB(MCPCB)를 사용하는 등, LED에서 시스템 보드로 열이 빠르게 전달되도록 하는 설계가 일반화되었다. MCPCB의 절연층에는 열전도성 수지가 사용되며, 최근에는 절연층 두께를 줄이고 충전재를 최적화하여 열전달 성능을 향상시키는 기술이 적용되고 있다.

LED 조명 기구 전체로 범위를 넓혀 보면, 열전도성 부품 소재의 활용이 증가하고 있다. 예를 들어 가정용 LED 전구나 투광기 등의 하우징을 기존의 알루미늄 다이캐스팅 대신 방열 플라스틱으로 제작하는 사례가 있다. 이 플라스틱은 수지에 세라믹 또는 흑연 필러를 넣어 열전도를 부여한 것으로, 금속보다 가볍고 형상 자유도가 높아 복잡한 방열 핀 구조도 사출성형으로 쉽게 만들 수 있다. 적절한 방열설계가 이루어진 LED 조명에서는 이러한 복합 플라스틱 하우징으로도 충분한 냉각이 가능하며, 제조 비용 절감 효과도 있다.

봉지재 및 접착재 분야에서도 개선이 이뤄진다. LED 칩을 보호하는 투명 실리콘 봉지재는 광학적 투명성을 유지하면서도 고온에서 황변되지 않도록 개질되고 있으며, 필요에 따라 열전도성 나노입자를 소량 첨가해 LED 칩 표면의 국부 열을 퍼뜨리는 연구도 보고되고 있다. LED 모듈을 조립할 때 사용하는 열전도 접착제 역시 경화형 에폭시 대신 열전달 성능이 우수한 실리콘계 접착제로 전환되는 추세다. 실리콘 접착제는 LED PCB를 방열판에 접착하면서 열도 잘 흐르게 해주며, 경화 후에도 약간의 유연성을 가져 온도 변화 시 열팽창 차이를 흡수한다. 이로써 장시간 구동 시에도 LED 칩과 기판 사이의 열 접촉이 안정적으로 유지되어 신뢰성이 높아진다.

결과적으로 LED용 방열 소재 기술의 핵심은, 고출력 LED 칩의 온도를 낮춰 광효율과 수명을 극대화하는 데 있다. 이를 위해 패키지 내부의 기판에서 외부 조명기구에 이르기까지, 열 흐름 경로상의 모든 계층에서 재료 혁신이 이루어지고 있다. 앞으로 Micro LED와 같은 차세대 디스플레이용 LED에서도 방열 문제가 중요해질 것으로 예상되며, 초소형 LED 어레이의 열 관리를 위한 새로운 소재와 구조 개발이 지속될 전망이다.

LED는 투입전력의 약 80%정도가 열로 발생한다는 치명적 한계를 갖고있다는 한계를 갖고 있다. 이는 LED가 빛을 전자로부터 직접 얻기 때문에 전도나 대류에 의해 방출되는 열의 자연 방출 메커니즘이 없기 때문이다. LED는 반도체이므로 일정 온도 범위의

작동영역을 갖고 있어서 온도를 그 범위 내에서 제어해야 한다.

LED를 사용함에 따라 LED소자의 온도가 올라가고 이렇게 소자의 온도가 올라갈수록 LED의 발광효율이 떨어지고 수명도 줄어들게 된다. 특히 조명용 LED의 경우 고출력 소자를 사용하므로 열에 의한 LED의 효율 감소 및 수명 단축은 더욱 심각한 문제였다.

따라서 LED소자에서 발생된 열을 소자의 바깥으로 방출해 LED소자의 온도를 낮추는 것이 LED관련 업체의 최대 현안이 되고 있으며, 방열기술은 LED개발 분야의 핵심 기술로 대두되고 있다. LED방열 방식에는 패키지식, 공랭식, 수냉식, 열전소자 등이 있고 지금도 새로운 방열방식이 계속 연구되고 있다.

3) LED 시장현황

LED 산업은 2000년대 이후 비약적으로 성장하여, 2020년대 중반 현재 성숙기에 접어든 시장으로 평가된다. 2024년 전세계 LED 소자(패키지) 시장 규모는 약 130억 달러 수준으로 예상되며, 전년에 비해 소폭(약 3%) 성장한 수치이다. 일반 조명용 LED는 백열등과 형광등을 거의 대체하여 시장이 안정화되었고, 가격 경쟁이 치열해짐에 따라 성장률이 예전만큼 높지는 않다. 그러나 자동차 조명과 디스플레이용 LED 분야는 비교적 높은 성장세를 유지하고 있다. 자동차용 LED는 헤드램프, 후미등 등 외장조명부터 실내 앰비언트 조명까지 채용이 확대되며 고부가가치 시장으로 자리잡았다. 디스플레이 분야에서는 Mini LED 백라이트가 고성능 TV와 모니터에 채택되고, 향후 Micro LED 디스플레이 기술이 상용화되면 막대한 신규 수요가 창출될 것으로 기대된다.

LED 산업의 지역적 분포를 보면, 중국 업체들의 대량 생산으로 중저가 시장은 공급과잉과 가격 하락을 겪었지만, 한편으로 이는 LED 조명의 보급률을 높여 전체 수요를 견인했다. 선진국 업체들은 특수조명, 차량용, 마이크로 LED 등 고부가가치 틈새시장에 집중하여 경쟁력을 유지하고 있다. 또한 UV LED나 IR LED처럼 살균, 센싱 등에 쓰이는 특수 LED도 소규모지만 꾸준히 성장 중이다. 전반적으로 2024년의 LED 시장은 완만한 성장세를 보이고 있으며, 효율 향상과 비용 절감을 위한 기술개발이 지속되고 있다. 동시에 LED 활용처가 일반 조명에서 디스플레이, 자동차, 헬스케어 등으로 다변화되면서, 관련 소재 및 패키징 기술의 중요성도 계속 부각되는 추세다.

정부는 에너지 위기관리 및 신산업 창출의 일환으로 「LED 산업 제2도약 전략」과 「LED 조명 2060계획」을 수립하여 추진하고 있다. 전력 사용량 절감 및 온실가스 배출량 감축에 LED 조명이 큰 기여를 할 수 있도록 하기 위해 LED 산업의 기술경쟁력 강화를 위한 R&D 투자를 지속적으로 확대하고 있다.

조명은 전력수요의 약 18%를 차지하며, 산업과 가정 등 수요자들이 사용한 최종 에너지의 약 3% 비중을 차지하고 있는 것으로 추정된다. 따라서 이러한 조명의 30% 정도를 LED로 교체하면 2015년 전력사용량(예측치) 기준 연간 약 1조6,000억 원의 에너지를 절감할 수 있을 것으로 예상된다. 하지만 기존 조명을 LED 조명으로 전환하여 단순히 에너지 절감을 달성한다는 것에 의미를 두는 것을 탈피하여 보다 적극적이고 도전적인 미래 비전을 제시하고자 한다. 즉, 막대한 라이선스 비용을 지불해야만 하는 현재의 'Blue LED/Phosphor' 시스템이라고 하는 원천특허를 회피하여 '플레이트 형광체 기반 LED 조명'에 관한 신 시장을 개척하는 것이 진정한 에너지 절감임과 동시에 국가경쟁력에도 기여하는 것이다.

LED 조명용 컵 또는 방열 기판, 전자부품 소재의 디바이스 기판 등은 단순 형상의 작은 부피로 부품소재의 단가는 매우 낮지만 전 세계시장에서 대규모 수량으로 소모되기 때문에 시장규모는 크고 부가가치 또한 높다. LED 조명의 도약(breakthrough)은 방열 문제 해결과 직접적으로 연관되어 있고 그 파급효과는 글로벌 수준에서 에너지 절감을 포함하는 경제적·환경적으로 이슈화가 되어 있다. 전 세계적으로 LED의 조명 시장 진입을 위한 가장 큰 장애요인은 기존 조명 대비 현격히 불리한 가격경쟁력에 기인하는 것으로 알려져 있다.

현재 LED 패키징에서 방열부품은 완제품 단가의 50% 이상으로 상당히 높기 때문에 고열전도율 세라믹 기판의 채용 시, 방열부품의 부피 및 단가의 대폭 절감에 의해 LED 조명의 가격경쟁력 제고에 의한 일반 조명 대체를 선점할 수 있을 것으로 기대된다. 연간 LED 칩 생산 150억 개 중 세라믹 기판 채용율 50% 및 기판 가격 100원을 가정할 경우, 연간 7,500억 원 정도의 단일 품목 대규모 시장의 형성도 가능할 것으로 전망된다.

LED 컵 응용 이외에 질화규소를 포함한 고열전도율 세라믹 기판의 세계시장 규모 전망은 다음의 표에 정리하였다. 2008년부터 2009년에 걸쳐 증가 추세가 약간 침체하지만 그 전후로는 증가 추세가 이어지고 있으며 향후에도 상승 기조가 계속될 것으로 예상된다. 특히, 다양한 방열 기판 소재 관련의 예측에서 필러 기판 및 시트 형태의 시장 증가 추세에 비해 세라믹 기판의 예상 증가세가 확연히 높을 것으로 예상된다.[26]

인간 역사상 가장 빠른 기술 변화를 보이는 시장. 2016년 골드만삭스가 글로벌 발광다이오드(LED) 산업에 내린 평가다. `빛을 내는 다이오드`인 LED가 양산되기 시작한 시점은 1960년대로 미국에서였다. 그런데 디스플레이, TV, 자동차, 실내외 조명 등 다양한 분야에서 기존 백열전구와 형광등을 본격적으로 대체하기 시작한 시점은 2000년대 후반에 접어들면서다.

26) 출처: 신소재 경제신문,

시장조사기관 트렌드포스(Trend Force)에 따르면 전 세계 LED 조명 시장 규모는 327억2000만달러에 이를 것으로 예측된다. 전통 조명을 대체하는 전환율은 지난해 22%에서 2022년 60%를 달성할 것으로 예상된다. 한국광산업진흥회에 따르면 올해 국내 LED 시장 규모는 전년 대비 18.7% 성장한 8조8320억원을 기록할 전망이다. 2019년께 10조4530억원, 2020년이면 12조3450억원이 될 것으로 예상된다. 전체적인 LED 시장은 중국이 강세다. 2012년 중국 정부가 LED산업 육성 보조금 지원 정책을 펴면서 그해에만 8000곳 넘는 중국 업체들이 LED 시장에 뛰어들었다. LED 조명 시장에 참여 중인 한국 중소기업은 200여 곳이지만 LED 패키지를 양산할 수 있는 능력을 갖춘 곳은 삼성·LG그룹 계열사와 서울반도체 정도뿐이다. 다수 중소기업은 저렴한 중국산 부품을 수입해 조립·판매하는 데 그치는 경우가 많다고 한다.

반면 오랜 업력으로 브랜드 가치를 쌓아온 필립스나 오스람 같은 기업은 자동차 조명이나 적외선 감지 등 고부가가치 제품으로 매출 실적을 늘리고 있다. 미국 크리(CREE)나 루미레즈(Lumileds) 같은 곳은 건축 조명과 자동차 조명 시장에서도 응용 분야를 골라 틈새시장을 노리고 있다.

수년간 공급과잉에 시달리던 세계 LED 조명 산업은 치열한 가격 경쟁과 통합·조정 과정을 거쳤다. 이제 성숙기에 접어든 LED 조명 시장에서 기업들이 찾은 새로운 성장동력은 스마트 조명이다. 사물인터넷(Internet of Things·IoT)의 등장으로 네트워크화된 LED 조명은 사용자와 환경 데이터를 수집하고 이를 분석해 개별 맞춤형 `스마트 홈`을 구성하고 `스마트 시티`의 완성도를 높이는 초석을 놓을 것으로 기대된다.

한 조사에 따르면 지난해 글로벌 스마트 조명 시장 규모는 46억달러에 이르렀고 2020년까지 134억달러로 성장할 것으로 예상된다. 전문가들은 스마트 조명이 스마트시티의 에너지 인프라스트럭처 구축의 필수 요소로 보고 있다.

2030년까지 도시에 거주하는 인구는 전 세계 인구 중 60%에 이를 것으로 추산된다. 조명이 소비하는 전력은 도시 전체 에너지 소비량의 40%가량으로 관측된다. 그간 CRI(연색성) 지수 등 자연광을 최대한 모방하는 것에 집중하던 LED 조명 개발의 방향도 야간에 빛 노출을 최소화하고 주간에 자연광을 가능한 한 많이 쬐는 `인간 중심 조명(Human Centric Lighting)`으로 진화하고 있다.

건강을 강조한 인간 중심 조명은 연결성을 중심에 둔 스마트 조명과 함께 올해 독일 프랑크푸르트에서 열린 세계 최대 규모 조명·건축 박람회 `Light + Building 2018`에서 가장 큰 화두였다. 이미 포화 상태인 세계 LED 조명 시장에서 신규 브랜드를 출시한 지 2년 만에 유럽 10대 기업에 진입한 기업이 있다. `레드밴스(LEDVANCE)`가 바로 그 주인공이다. 지난해 매출 약 19억 유로를 달성한 레드밴스는 2016년 7월 오스람에서 분

사했다. 옥외 조명·비상 조명·사무용 조명·상업 조명·산업용 조명뿐 아니라 스마트 조명과 LED 등기구·램프 등 모든 응용 제품으로 포트폴리오를 구성하고 있다. 스마트 LED 전구의 `지그비 라이트 링크(ZigBee Light Link)` 표준을 사용하는 스마트홈 시스템 전용 포트폴리오와 특히 `애플 홈키트(Apple Home Kit)`와 호환되는 `스마트 플러스(Smart+)` 제품군 등 미래 먹거리도 다양하게 갖췄다. 아마존의 인공지능(AI) `알렉사(Alexa)`나 애플의 `시리(Siri)`를 통해 음성으로 제어할 수도 있다.

강력한 브랜드 가치를 바탕으로 깊은 고객 관계를 맺고, 강력한 영업 채널을 얻었다. 가장 중요한 고객 신뢰도 확보했다. 지금 레드밴스는 독일 글로벌 조명 기업의 브랜드 자산과 지분 투자자인 아시아 기업의 제조 자산을 결합하고 있다. 우리처럼 동서양의 강점을 결합하면 경쟁에서 결정적인 우위를 점할 수 있을 것이다.

기술 혁신이야말로 혁신의 핵심이다. 혁신은 단지 기술에만 국한된 게 아니다. 레드밴스는 LED 부품 제조사가 아닌 LED 조명 기업으로 매일 소비자 수백만 명이 우리 제품을 만난다. 혁신의 다른 한 축은 디자인이다. 우수한 제품 디자인은 앞으로 중요한 차별점이 될 것이다. 빛과 에너지 효율성을 향상시키는 것도 주요 혁신이다. 우리 제품 중 W(와트)당 200루멘의 탁월한 효율성을 갖춘 스마트 LED 튜브 제품이 있다. 당사는 일부 제품에 대해 10년 보증 기간을 제공할 계획이다.

앞으로 조명은 사람들 건강을 개선하고 집중력을 향상시켜야 한다. 건강한 생체 리듬을 만드는 데 기여해야 한다. 네트워크에 연결돼 이용하기 편리하고, 자연광에 매우 가까운, 고도로 자동화된 조명이 미래다. 레드밴스는 `인간 중심 조명(HCL)`과 `스마트 조명`에 막대한 투자를 하고 있다. 수년 뒤를 내다보고 구체적인 제품 로드맵을 개발하고 있다.

최근 글로벌 LED 시장은 수많은 중국 제조사들이 적정 수준의 품질과 낮은 가격을 무기로 시장을 차지했다. 레드밴스는 기술력으로는 중국 제조사들보다 우위에 있다. 기술력 외에 다른 비교 우위가 있다.

고객 니즈를 중심으로 제품을 제작하고 있다. 높은 품질은 물론 사용하기 쉬우면서도 훌륭한 디자인, 세계 최고 서비스도 제공한다. 기술, 가격, 품질 사이에 적절한 균형이 있어야 하고, 국가마다 제품군마다 적절한 균형을 유지하고 있다.

기존 조명이 LED로 대체되면서 글로벌 LED 조명 시장은 2022년까지 연평균 20% 수준 성장할 것으로 전망된다. LED 조명으로 교체가 마무리된 뒤에는 시장 성장 속도가 낮아질 것이다. 기존 조명을 더 빨리 LED 조명으로 교체하기 위해 어떤 노력을 기울이고 있다. 지역에 따라 다르지만 LED 보급률은 여전히 낮다. 유럽에서는 약 10%에 불과하다. LED 조명으로 교체할 수 있는 기존 조명이 여전히 약 100억 소켓이나 남아 있

다. LED 조명 보급률이 낮다는 게 곧바로 시장 확대를 의미하진 않는다. LED 램프 분야는 약 90억 유로 규모에서 침체 단계에 도달하고 서서히 감소할 것으로 전망된다. LED 등기구 분야는 전반적으로 훨씬 크다. 2025년까지 지속적으로 약 400억 유로 규모로 성장할 것이다.

이에 기본에서 고급까지 모든 분야를 포괄하는 LED 조명 포트폴리오를 짜는 데 막대한 투자를 하고 있다. 고작 2년 만에 유럽에서 상위 10대 기업에 들었고, 세계 10대 기업 진입도 눈앞에 두고 있다. 앞으로 LED 조명은 사물인터넷을 가능하게 하고, 소통과 연결성을 갖춘 매체가 될 것이다. 성장 잠재력을 지닌 새로운 조명 기능이 등장할 것으로 보이고, HCL이 현재는 차세대 조명으로 가능성이 높다.

지난 수년간 기존 LED 조명 사업에서 비용 절감과 판매관리비 절감에 집중해 왔다. 한편으로는 블루투스 기반 스마트 LED와 사물인터넷 LED 등 새로운 솔루션도 선보였다. 현재 LED 시장은 일반 조명에서 자동차용·산업용 등으로 영역을 확대하고 있다. 미래 LED 조명 사업을 계획하고 있다. 당분간 일반 LED 조명에 초점을 맞출 계획이다. 이게 우리의 기반이자 잘하는 분야이기 때문이다. 완전히 포화된 것처럼 보이는 일반 LED 조명 시장에서도 미개척 영역이 있고, 그 잠재력을 보고 있다. LED 등기구·램프와 더불어 스마트·HCL 등 3대 주요 부문에서 세계 3대 기업이 되는 게 최종 목표다.

HCL은 아직 조금 과장된 주제이고, 일상생활의 일부가 되려면 아직 멀었다. 이런 인식과 상황을 바꾸는 게 할 일이다. 사람들이 다양한 인공 조명과 관련 기술에 신체적·정신적으로 어떻게 반응하는지를 잘 이해할 필요가 있다. 지능형 컨트롤은 사람들이 빛의 생물학적 효과에서 이익을 얻는 조명 조건을 만드는 데 필요하다. HCL 시제품은 본질적으로 주간 시간대 자연광의 자연스러운 코스에 따라 공동 작업 공간에서 빛을 자동으로 조절하는 지능형 조명 스위치다. 다른 조명 모드를 수동으로 쉽게 설정할 수도 있다.

3. 전자패키징

1) 스마트폰 방열소재기술

고효율 방열시트

손 안의 작은 컴퓨터인 스마트폰은 고성능 프로세서와 고해상도 화면, 5G 통신 칩 등으로 인해 많은 열이 발생한다. 좁은 내부 공간과 밀폐된 구조 탓에 열이 쉽게 빠져나가기 어려워, 스마트폰 업체들은 다양한 방열소재와 솔루션을 도입해왔다. 가장 널리 사용되는 것은 흑연 시트(그래파이트 시트)로, 두께 수십 마이크로미터(μm)의 얇은 탄소 시트가 메인보드와 디스플레이, 배터리 등 내부 표면에 부착된다. 이 흑연 시트는 구리보다 가벼우면서 면내 열전도도가 매우 높아(>1000 W/m·K), 프로세서에서 발생한 열을 폰 전체로 빠르게 확산시켜 국부 온도 상승을 막아준다. 현대 스마트폰에서는 여러 겹의 그래파이트 시트를 적층하거나, 접히는 폴더블폰의 경우 힌지 부분을 따라 연속된 시트를 적용하여 열이 한쪽에 몰리지 않게 설계한다.

고성능 스마트폰에는 히트파이프나 베이퍼 챔버와 같은 두께 수호미 수준의 열전달 부품도 채용되고 있다. 히트파이프/베이퍼 챔버는 내부에 소량의 액체가 봉입된 금속 평판으로, 액체의 증발과 응축을 통해 매우 효율적으로 열을 이동시킨다. 예를 들어 게이밍 스마트폰이나 5G 플래그십 모델에는 넓은 평판형 베이퍼 챔버를 AP(Application Processor)와 배터리 아래에 배치하여, 칩에서 발생한 열을 재빨리 분산시킨 뒤 스마트폰 전체 표면으로 전달한다. 이러한 얇은 베이퍼 챔버 기술은 최근 두께 0.3mm 이하까

지 개발되어 슬림한 폰에도 적용이 가능해졌다. 그 결과 과거보다 스마트폰의 발열 제어 능력이 향상되어, 장시간 고화질 동영상 촬영이나 게임 구동 시에도 성능 저하를 지연시키는 효과를 거두고 있다.

이외에도 스마트폰 내부에는 여러 맞춤형 방열소재가 쓰인다. 예를 들어 AP와 금속 프레임 사이에 열전도성 겔 시트를 넣어 프레임 자체를 히트싱크로 활용하고, 카메라 모듈 주변에는 열전도 테이프를 붙여 센서 과열을 막는다. 5G 안테나 모듈이 있는 영역에는 방열시트를 추가적으로 대어서, 고주파 송수신 칩의 발열이 인체에 전달되지 않도록 신경쓴다. 일부 제조사는 "그래핀 쿨링 필름"을 홍보하기도 하는데, 실제로는 그래핀 기반의 복합 방열필름으로 흑연 시트와 유사한 역할을 한다. 차세대 연구로는 탄소나노튜브 폼이나 초박형 다이아몬드 필름을 스마트폰에 적용하려는 시도가 있으며, 이를 통해 방열 성능을 높이고자 한다. 스마트폰 방열 기술은 해마다 진화하고 있으며, 방열소재의 발전 덕분에 기기 성능과 사용자의 쾌적함이 함께 향상되고 있다.

2) 전자패키지용 고방열 융복합 신소재

전자기기의 패키징 분야에서는 높은 열전도도와 다양한 부가기능을 겸비한 융복합 신소재 개발이 활발하다. 이러한 신소재들은 여러 종류의 재료를 융합하거나 새로운 조합을 통해 기존 한계을 뛰어넘는 성능을 구현하고자 한다. 한 예로, 에폭시나 폴리이미드 같은 패키지 수지에 다중 필러체계를 도입하는 기술을 들 수 있다. 마이크로미터 크기의 세라믹 입자와 나노미터 크기의 그래핀 혹은 탄소나노튜브를 함께 혼합하면, 큰 입자로 밀도를 높이고 작은 나노 필러로 입자 사이를 연결하여 연속적인 열 전달 경로를 형성할 수 있다. 이러한 하이브리드 필러 복합재는 적은 충전량으로도 열전도도를 크게 향상시키면서 기계적 유연성은 유지하는 장점이 있다. 최근 연구에서는 세라믹+탄소 이중 네트워크 구조를 갖는 수지 복합체가 기존 단일 필러 대비 월등한 열전도 성능을 보이는 것으로 보고되고 있다.

다기능 방열소재 역시 전자패키징 분야의 중요한 흐름이다. 하나의 소재가 방열 뿐 아니라 전자파 차폐, 기계적 지지, 진동 흡수 등의 역할을 동시에 수행하도록 개발되고 있다. 예를 들어 금속 나노와이어를 함유한 폴리머 복합체는 열과 함께 전기를 일부 통하게 하여 EMI 차폐막으로도 기능하고, 탄소섬유 강화 복합재는 기계적 강도를 부여하여 부품 하우징 겸 방열 부재로 쓰인다. 또한 플렉서블 전자기기를 위한 방열 소재로서, 신축성과 열전도를 겸비한 신축성 패드나 코팅이 등장하고 있다. 이는 웨어러블 기기나 폴더블 디스플레이 등의 발열 제어에 유용하며, 실리콘 고무 매트릭스에 액상의 금속 입자를 넣어 스트레치를 견디면서 열을 전도하는 등의 기술이 시도된다.

환경과 지속가능성 측면에서도 새로운 접근이 나오고 있다. 일반적인 열경화성 수지는

한 번 경화되면 재활용이 어렵지만, 최근 재활용 가능한 방열소재가 연구되고 있다. 예를 들어 동적 결합을 갖는 가교폴리머에 열전도성 필러를 담은 복합소재는, 고온에서 가교결합을 부분적으로 해체하여 재성형 및 재활용이 가능하다. 실제로 2020년대 초 국내 연구진은 13 W/m·K 이상의 열전도도를 가지면서도 물로 화학적 분해가 가능한 친환경 방열 복합소재를 개발하기도 했다. 이처럼 미래의 방열 신소재는 고성능일 뿐만 아니라 친환경 특성까지 갖추는 방향으로 나아가고 있다.

끝으로, 반도체 3차원 적층 패키지(3D IC)와 고밀도 전자모듈의 등장으로, 패키지 내부에서의 열 분산을 돕는 신소재 요구도 커지고 있다. 예를 들어 칩 사이에 삽입되는 초박형 열전도 필름, 또는 패키지 기판 내부에 내장된 그래핀 시트 등이 아이디어 단계에서 연구되고 있다. 일부 고주파 소자에는 다이아몬드 기판을 활용해 발열을 근본적으로 줄이는 시도가 진행 중이며, 전력 반도체 분야에서는 GaN 칩을 다이아몬드 박막 위에 성장시켜 열을 즉시 방출하는 기술이 실험되고 있다. 이러한 첨단 융복합 소재들은 아직 초기 단계이지만, 2025년 이후의 차세대 전자패키징에서 요구되는 극한의 방열 성능을 충족시킬 열쇠로 기대된다.

○ 방열 재료의 요구기능과 충전제 개발

고분자계 재료(고무, 플라스틱 등)의 고기능·고성능화에는 충전제(무기분말)가 중요한 역할을 한다. 특히, 선사 분야에서는 반도체 니바이스나 집적회로(IC)의 고밀도화·고집적화에 의해 발열밀도가 높아지므로 디바이스나 IC를 냉각시키기 위한 열에 대한 대책이 중요한 과제이다. 열 대책으로는 높은 열전도성을 가진 복합재료 (방열재)의 개발이 필수이다. 방열재가 높은 열전도성을 갖추기 위해서는 열전도성 무기충전제의 고순도화 뿐 아니라 고충전화의 기술이 요구된다.

○ 방열 재료의 요구기능

방열재란 IC등에 국부적으로 발생하는 열을 전자 디바이스의 외부로 방출시키거나 열의 전송경로에서 열이 양호하게 전송되도록 중개적 역할을 하는 소재이다. 방열재의 형상은 열 대책에 따라서 디바이스의 설계 단계는 물론 조립 시의 작업성도 고려하여 선택해야 하며, 주로 시트 형태나 유동성이 있는 그리스 형태의 것이 이용된다.

방열재의 요구기능은 용도에 따라 다양하다. 예를 들면, 전원용도에서는 전기절연이 필수적으로 요구되며 CPU용도에서는 극히 적은 열 저항이 요구된다. 열 대책의 목적(방열재의 용도)은 다양하지만 크게 4가지로 구분된다.

- 부품의 기계적 장해방지

칩의 오작동이나 열 폭주는 칩의 전기저항의 온도의존성에 기인한다.

- 부품의 수명대책

산화막의 경시파괴나 이온의 이동은 온도의존성이 있다.

- 기계적 장해방지

와이어본드의 단선 등은 온도분포 발생에 의한 장치의 변형에 기인한다.

- 인체에 대한 장해방지

화상, 불쾌감(기기표면의 온도에 관한 규준 ; UL1950)등에 대한 대책이 필요하다.

방열재의 열전도율의 향상을 위해서는 충전제의 역할이 중요하다. IC칩 등에서 발생한 열은 방열재 내부에 함유된 충전제를 통해서 방열판 등으로 전송되어 방열된다. 방열재의 열전도율은 충전제 입자의 형상(크기, 두께, 형태 등), 열전도성 및 표면상태(밀착성) 및 고충전화 기술 등에 의해 크게 영향을 받는다.

○ 충선제의 특성

질화물계 세라믹 충전제는 종류별로 독특한 특성을 가지기 때문에 용도에 따라 최적으로 이용하기 위해서는 각각의 특성을 충분히 이해할 필요가 있다. 고열전도율의 방열재를 개발하기 위해서는 우선적으로 고충전화가 가능한 물질의 선정이 중요하다. 방열재의 경우는 수지에 충전제가 혼합되는 복합재료의 제조임으로 충전제와 수지간의 상용성, 충전제의 응집이나 입도분포, 입자의 형상 등이 우선 고려되어야 한다. 또한 방열재 제조의 최적화를 위해서는 수지와 충전제의 배합조건, 혼합방법 및 성형방법 등의 프로세스의 선정이 중요하다.

세라믹 충전제의 특징은 금속과는 달리 전기절연성이 우수하다. 방열재의 용도는 대부분 절연성이 요구되기 때문에 세라믹 충전제의 이용이 바람직하다. 일반적으로 금속이 세라믹스에 비해서 열전도율이 높지만 질화알루미늄(단결정)의 경우는 열전도율이 270W/mK로 금속에 가깝다.

질화물계 물질인 질화붕소 및 질화알루미늄은 우수한 고열전도성 충전제로서의 기능을 가지고 있다. 이들 물질을 방열재로 이용하는 경우의 특징은 다음과 같이 요약된다.

질화물계 물질의 특징

질화붕소	① 실리콘 매트릭스와의 상용성이 비교적 양호하다. ② 배향제어(배향의 억제 또는 배향의 역이용)가 필요하다. ③ 높은 탭밀도(tap density)의 분말을 이용하는 것이 유효하다.
질화알루미늄	① 내 가수분해성의 부여가 필요하다. ② 충전제의 고 충전화가 특히 유효하다.

○ 투명성 방열도료 개발

최근에 전자기기 등의 여러 분야에서 집적회로나 반도체소자 등에 전자소자 부품이 사용되고 있다. 전자소자 부품에서는 전기에너지의 일부가 내부저항으로 인해 열에너지로 변환되지만 장치의 고성능화에 따라 발생하는 열에너지도 증대하여 발열온도가 높아지고 있다. 전자소자 부품은 열에 약하므로 발열에 의해 제품의 수명이 저하나 오작동 등의 작동불량이 생길 우려가 있기 때문에 방열, 냉각 등의 방법에 의해 열을 제거할 필요가 있다.

또한 최근에 전자기기의 콤팩트화로 열을 제거하기 위한 방열효과와 코스트 메리트가 있는 방열성 도료(paint protection against heat)가 더욱 주목을 받고 있다. 일반적으로 방열성 도료는 높은 열전노율이나 복사율을 가진 필러를 첨가하고 있으니 통상 사용되고 있는 이들 필러에는 도료가 백색이나 흑색 등으로 되어 있다. 이와 같은 도료를 사용하여 제품설계를 하는 경우에는 의장성(design)의 제한 등의 문제가 발생하는 경우가 있다. 이러한 문세점을 해결할 수 있는 투명성 방열도료가 일본합동잉크(주)에 의해 개발되었다.

투명성 방열도료는 방열성필러와 수지 바인더를 주성분으로 하는 도료이다. 필러의 입자경이나 분산성 및 배합비율을 최적화하여 투명하고 방열성이 있는 도료가 된다. 유성 락카 타입 도료의 도막 두께는 10㎛로서 투명율의 측정결과는 전광선투과율 90% 이상으로 된다. 더욱이 Haze는 5%미만의 투명성을 가지고 있다. 또한 방열성은 Alumite와 비교 시 동등 이상의 성능을 가진다. 기재는 알루미늄이 권장되나 그 외에 금속, 수지 등도 가능하다. 단, 밀착성, 열전도도 등의 확인이 필요하다. 현재 도료의 타입으로는 유성 락카, 베이킹(160℃) 및 수성 락카 타입이 있다.

투명성 방열도료의 방열 메커니즘은 주로 열방사에 의해서 도장물의 온도를 저하시키는 것이다. 열방사에 의한 방열이란 것은 피 도장물상에 형성한 투명성 방열도료의 도막이 피도장물로부터 열을 흡수하여 온도가 상승하면 도막을 구성하고 있는 분자나 원자가 들뜬상태(excited state)로 된다. 이 불안정한 들뜬상태의 분자나 원자는 전자파(적외선)의 형태로서 에너지를 방출하여 안정한 상태로 돌아오려고 하기 때문에 도막 및 피도장물의

온도가 저하하는 현상이다.

일본은 지진 재해의 영향으로 인한 원자력발전소의 가동정지에 따른 절전요구, 개정된 에너지 관련법 시행 등으로 기업에서는 조명의 LED화 등이 보다 가속화되고 있다. 그러나 열에 의한 기능저하가 커서 문제가 된다. 특히 와트 수가 큰 것은 효과적인 방열 방법이 필요하다. 이 때문에 LED에 관련 방열의 문의가 많고 앞으로 더욱 확대 될 것으로 기대된다. 종래의 방열도료에서는 불가능하였던 용도, 부가가치를 높이기 위한 용도전개를 목표로 하고 있다. 또한 기본적인 방열성이 높은 것부터 투명성이 특히 필요치 않은 부분과 방열성이 필요한 분야 전반에 걸친 용도전개와 과제로서 대응하고 있다.

반도체의 고성능, 고출력, 고집적, 소형화가 진행되면서 전기·전자제품에서 발생하는 열이 증가하고 있다. 임계 수치 이상으로 온도가 상승할 경우 반도체 소자 및 전기·전자제품에 변형, 산화 등이 발생할 수 있다. 또 제품 수명이 단축되고, 열로 인한 함몰 등으로 오작동이 발생하게 된다. 발열에 의한 이 같은 치명적인 문제 때문에 반도체 소자 및 전기·전자제품에서 열을 배출시키는 기술이 주목받고 있다.

방열소재로 쓰이는 금속의 가장 중요한 특성은 열전도도이다. 금속의 열전도도는 종류에 따라 고유한 값을 지니기 때문에 열전도도를 높이는 데 한계가 있다. 지금까지 국내에서는 방열소재의 변경보다는 방열설계를 변화시켜 성능을 높이는 연구가 진행돼 왔다. 하지만 이미 해외에서는 금속에 탄소를 복합화한 하이브리드소재를 방열소재로 사용하는 기술을 지속적으로 연구하고 있다. 이에 따라 국내에서도 고열전도도 방열소재의 개발이 중요한 이슈로 떠올랐다.

방열소재 분야의 세계 시장 규모는 약 4조 원으로 해마다 3천억 원 이상 증가하고 있다. 국내의 관련 시장 규모도 8천억 원 수준이다. 전기차, LED, 전력반도체, 생활가전 등 다양한 산업 분야에서 제품의 열을 방출하기 위해 방열소재를 사용한다. 이러한 가운데 서남지역본부 EV부품소재그룹 오익현 수석연구원과 장준호 연구원이 기존 방열소재의 열전도도를 넘어선 복합소재를 개발해 전기차를 비롯한 전기·전자제품 분야 상용화를 앞두고 있다.

금속 중 열전도도가 높은 소재는 은(Ag), 구리(Cu), 금(Au), 알루미늄(Al)이다. 기존 방열소재로는 구리와 알루미늄이 주로 쓰였다. 하지만 구리와 알루미늄의 열전도도는 각각 400W/mK와 220W/mK 수준으로, 단일소재의 한계가 있다. 이에 비해 오 수석연구원과 장 연구원이 개발한 방열소재의 열전도도는 600W/mK급으로, 기존 소재보다 1.5~2배가량 높아 세계 최고 수준이다.

3년간의 연구과정을 거쳐 만들어낸 방열소재 개발의 핵심은 구리와 알루미늄에 탄소계

소재인 흑연분말을 복합화했다는 점이다. 흑연 고유의 물리적 특성을 이용해 방향성을 제어함으로써 열전도도를 세계 최고 수준으로 높일 수 있었다.

기존에 미국의 한 기업에서 구리와 다이아몬드를 혼합해 열전도도를 500~700W/mK까지 높인 선례가 있지만, 다이아몬드라는 소재가 워낙 고가이기 때문에 가격 단가가 높을 수밖에 없었다. 하지만 이번에 개발된 방열소재의 경우 소재의 원가 측면에서 충분한 경제성이 확보되었을 뿐만 아니라, 경량화 측면에서도 기존 소재들보다 1.5배가량 가볍고, 열팽창계수는 1.5배에서 2배가량 낮다는 장점을 지니고 있다.

이번 기술 개발의 또 다른 핵심은 펄스통전소결공정이라 불리는 소결공법에 있다. 기존의 외부간접가열방식 소결공법이 아니라 분말에 전류를 직접 통전시켜 줄열(Joule heat)을 이용하여 소결하는 직접가열방식이다. 기존 소결공정에 비해 불순물 혼입을 억제하고, 공정시간을 6~7배 단축할 수 있으며, 99.5% 이상의 고밀도 소결체를 효과적으로 제조할 수 있다.

Ⅳ. 결　론

방열소재는 현대 전자공학과 첨단산업에서 필수 불가결한 기반 기술로 자리매김하고 있다. 본 보고서를 통해 살펴본 바와 같이, 작은 스마트폰에서 거대한 전기자동차에 이르기까지 열 관리의 중요성은 날로 커지고 있다.

2024년을 기준으로 방열소재 시장은 꾸준한 성장세를 보이며, 다양한 복합재료와 신소재 기술이 각축을 벌이고 있다. 고분자 복합 방열재, 세라믹 및 탄소 소재는 각자의 장점을 살려 여러 산업 분야에 적용되고 있으며, 특히 전기차와 5G 시대의 도래는 방열소재 혁신의 가장 큰 촉매제가 되고 있다.

향후 방열소재 개발은 고성능과 다기능성의 결합이 핵심이 될 전망이다. 열전도율 향상은 물론 전기적 절연, 기계적 강도, EMI 차폐, 난연 등 복합적인 요구를 동시에 충족시키는 재료가 경쟁력을 갖게 될 것이다. 또한 환경 친화적이고 재사용 가능한 소재에 대한 수요도 높아져, 지속가능한 열 관리 솔루션이 산업계의 화두가 되고 있다. 예측컨대 그래핀이나 나노다이아몬드와 같은 신소재가 상용화되어 방열 성능의 한계를 끌어올리고, 새로운 패키징 구조와 결합함으로써 전자제품의 신뢰성과 효율을 비약적으로 향상시킬 것이다.

결론적으로, 방열소재 기술과 시장은 전자기기의 고집적화 및 전동화 추세와 함께 지속적인 성장과 진화를 거듭할 것이다. 보이지 않는 곳에서 기기의 안전과 성능을 떠받치는 방열소재는, 미래 기술 혁신을 뒷받침하는 중요한 열쇠임에 틀림없다.

산업계와 연구자들은 열 문제를 해결하기 위한 도전을 이어가며, 새로운 소재와 솔루션을 속속 선보이고 있다. 앞으로도 방열소재 분야의 발전은 첨단기술의 발전과 궤를 같이하며, 우리의 삶을 보다 안전하고 효율적으로 만드는 밑거름이 되어 줄 것이다.

도 서 명: 방열소재 시장 동향 보고서
저　　자: 비피기술거래
초판발행: 2026년 01월 23일
발 행 처: 비피기술거래
발 행 인: 박기혁
등록번호: 제2016-000034호
주　　소: 서울특별시 영등포구 버드나루로 130 1층 104호(당산동, 강변래미안)
Tel.(02) 535-4960　Fax.(02)3473-1469

Email. kyoceram@naver.com

만화 김영란법 Q&A

저자 김상목 / 30,000 원

동호인 테니스를
이기는 절대적인 방법
발리 [VOLLEY]

저자 박기혁
/ 25,000 원

학교에서 배우지
않는 것들

글 김상목 그림 김서현
/ 30,000 원

융합은 즐거움이다

저자 비피기술거래
/ 30,000 원

누구나 이모티콘을
제작할 수 있다

저자 비피기술거래
/ 60,000 원

블록체인
산업 지도를 바꾼다

저자 비피기술거래
/ 60,000 원

자율주행자동차
인공지능 보고서

저자 비피기술거래
/ 60,000 원

4차산업과 마이스(MICE)
컨벤션 산업의 발전

저자 박기혁, 송승룡,
비피국제회의기획
/ 30,000 원

자율주행 자동차 시대를
위한 법적인 과제와 준비

저자 권영실 변호사
/ 60,000 원

문재인 정부의
과학기술정책

저자 비피기술거래
/ 60,000 원

001 유아용품 시장조사 보고서 (20161027 절판)

002 페라이트시트 관련 시장동향 보고서
저자 비피기술거래 / 120,000

003-2 [개정판] 페로브스카이트 태양전지 국내외 현황조사
저자 비피기술거래 / 120,000

004-1 [개정판] LED 산업 분석
저자 비피기술거래 / 120,000

005-1 [개정판] Silver Epoxy & Ink Cu ink&paste 시장보고서
저자 비피기술거래 / 120,000

006 확대되는 열가변저항기(Thermistor)의 기술, 시장 전망과 최근 개발 동향
저자 비피기술거래 / 120,000

007-1 [개정판] 자동차용 배기온도센서 관련 시장동향 보고서
저자 비피기술거래 / 120,000

008-1 [개정판] 골충전재 시장 조사 보고서
저자 비피기술거래 / 120,000

009-2 [개정판] 전고체전지 기술조사 보고서
저자 비피기술거래 / 120,000

010-1 [개정판] 티타늄 소재시장 가능성과 수요조사 보고서
저자 비피기술거래 / 120,000

011-1 [개정판] Etchant 기술동향 및 분석보고서
저자 비피기술거래 / 120,000

012-1 [개정판] 다공성세라믹 적용 산업 현황 보고서
저자 비피기술거래 / 90,000

013 [개정판] 열전발전소자 및 Hermetic sealing 관련 기술동향 및 분석 보고서 (20180214 절판)
저자 비피기술거래 / 120,000

014-1 [개정판] Fine Pitch 배선 형성용 구리에찬트 조사보고서
저자 비피기술거래 / 120,000

015-1 [개정판] 알루미늄 도금기술 접목한 섬유분야의 상용방안 및 시장성 보고서
저자 비피기술거래 / 120,000

016-1 [개정판] 쿼츠 Quartz 유리산업 분석을 통한 정밀광학기기 및 광학용부품 시장조사 보고서
저자 비피기술거래 / 120,000

017 고기능성 나노코팅 소재 보고서 (20170517 절판)

018-1 [개정판] 외발자전거 시장 조사 보고서
저자 비피기술거래 / 120,000

019-1 [개정판] 자전거 스마트폰 거치대 시장 조사 보고서
저자 비피기술거래 / 120,000

020-2 [개정판] 전력절감 시스템 시장조사 보고서
저자 비피기술거래 / 120,000

021-1 [개정판] 시멘트 산업 시장동향 보고서
저자 비피기술거래 / 120,000

022-2 [개정판] 1인 가구 증가에 따른 산업동향 변화보고서
저자 비피기술거래 / 120,000

023 전통문화의 시장 및 기술동향 – 한옥과 친환경주택
저자 비피기술거래 / 120,000

024 브렉시트(Brexit) 본질위기 유망산업 보고서
저자 비피기술거래 / 30,000

025 뉴로모픽기술과 시장보고서
저자 목하균 / 60,000

026-2 [개정판] 전기차 충전기 시장조사 보고서
저자 비피기술거래 / 120,000

027 신재생 에너지 기술 및 시장 분석
저자 김송호 / 60,000

028 테슬라의 한국 상륙–우리는 과거시대의 악몽을 반복할 것인가
저자 비피기술거래 / 60,000

029 김영란법 Q&A
저자 김상목 · 박기혁 / 60,000

030 회의를 디자인하라 (20180605 절판)
저자 김상목 / 30,000

031 도날드 트럼프 당선시의 한국경제, 기업에의 영향과 유망산업보고서
저자 비피기술거래 / 30,000

032 모바일 및 웨어러블 기기용 화학, 환경 센서 시장조사 보고서
저자 비피기술거래 / 120,000

033 전통문화의 시장 및 기술동향 – 전통식품
저자 비피기술거래 / 120,000

034 듀얼카메라 시장조사 보고서
저자 비피기술거래 / 120,000

035 기업들이 망하는 20가지 이유 – 신규 창업인이 회사를 망하게 하는 20가지 착각
저자 박기혁 / 30,000

036-2 [개정판] 모바일화에 따른 온라인 문화콘텐츠산업 동향
저자 비피기술거래 / 120,000

037-2 [개정판] 미세먼지에 관련된 국내시장분석 보고서
저자 비피기술거래 / 120,000

038-2 [개정판] 트렌드 변화에 따른 인테리어, 가구 시장 보고서
저자 비피기술거래 / 120,000

039 힐러리 클린턴의 집권이 우리나라에 미칠 영향
저자 비피기술거래 / 30,000

040-2 [개정판] MEMS 기술 산업 전략 보고서
저자 비피기술거래 / 60,000

041-2 [개정판] 반려동물 산업과 첨단 기술의 만남
저자 비피기술거래 / 60,000

042 할랄화장품
저자 비피기술거래 / 60,000

043 포켓몬go 성공요인과 파급 효과
저자 비피기술거래 / 30,000

044 융합은 즐거움이다 – 과학기술과 인문학의 collaboration
저자 비피기술거래 / 30,000

045 중국 의약품, 아동 의약품, 동물 의약품, 온라인 약국등의 시장과 제도 및 진출전략
저자 비피기술거래 / 60,000

046 조명시장과 OLED 시장보고서
저자 비피기술거래 / 60,000

047-1 [개정판] 고체산화물 연료전지(SOFC) 정책 및 시장과 개발 업체 동향, 기술현황과 사업아이템
저자 비피기술거래 / 120,000

048-1 [개정판] 방열소재시장과 기술동향
저자 비피기술거래 / 60,000

049 남성화장품 시장 조사 보고서
저자 비피기술거래 / 60,000

050 우리나라 지진역사와 주요국 대피시스템 비교 그리고 관련산업 동향
저자 목하균 / 60,000

051 집단 토론 면접 가이드 (20180605 절판)
저자 김상목 / 30,000

052 콘텐츠 큐레이션(Contents Curation)
저자 허두영 / 30,000

053 한국인이 두려워하는 대통령 트럼프가 제시한 5대중요정책(보호무역,한국험오등)과 그에 대한 대처법 보고서 저자 비피기술거래 / 30,000

054 기후 변화와 녹색 성장
저자 김송호 / 60,000

055 적외선센서 보고서
저자 비피기술거래 / 120,000

056 교수 및 고위 공무원이 해외연수 잘 다녀오는 방법
저자 비피기술거래 / 30,000

057 그린 비즈니스 – 스마트 그리드그린건물 · LED 조명
저자 김송호 / 30,000

~~058 (만화) 김영란법 Q&A~~
~~저자 김상목 / 30,000~~

059 통호인 테니스게임에서 이기는 절대적 방법 – 발리
저자 박기혁 / 30,000

060 도널드 트럼프 당선 – 세계는 어떻게 될까
저자 비피기술거래 / 30,000

061 시스템 반도체 산업동향보고서
저자 목하균 / 120,000

062 R&D지원사업 200% 활용하기 연구소기업과 기업 부설연구소의 설립
저자 비피기술거래 / 25,000

063 COFFEE, 한 잔의 커피는 한 번의 여행과 같다
저자 이강복 / 30,000

064 대한민국 정치인과 기업인 리더가 트럼프의 대선 승리에서 배워야 할 7가지 교훈
저자 비피기술거래 / 60,000

~~065 주식시장리포트 – 이 주식들이 곧 오를 수밖에 없는 다섯 가지 이유~~
~~저자 비피기술거래 / 50,000~~

066-1 [개정판] 미국인이 사랑하는 미셸 오바마
저자 비피기술거래 / 30,000

067 그린 비즈니스 – 전기차와 이차전지
저자 김송호 / 60,000

068-1 [개정판] 화합물 반도체산업 동향 보고서
저자 박진석 / 120,000

069 중국 가전제품 시장 보고서
저자 비피기술거래 / 120,000

~~070 학교에서 배우지 않는 것들 – 어른이 되기 위한 인생 필수 교과서~~
~~저자 김상목 · 김서현 / 120,000~~

071 B급 전략 평범한 회사나 개인도 절대로 망하지 않게 하는 특급전략
저자 박기혁 / 30,000

072-1 [개정판] 편의점 사업의 현재와 미래 편의점 사업 이대로 좋은가
저자 비피기술거래 / 120,000

073 뉴요커를 사로잡을 7가지 사업 아이템
저자 비피기술거래 / 60,000

074 유커 발길을 잡아라 – 유커 관광산업 보고서
저자 비피기술거래 / 60,000

075-1 [개정판] 생활화학제품 이대로 좋은가? – 화학제품 공포증의 올바른 이해
저자 비피기술거래 / 60,000

076-2 [개정판] 베지테리안 국내외 채식주의 산업 시장 보고서
저자 비피기술거래 / 120,000

077-2 [개정판] 탄소섬유 국내외 기술 및 시장동향과 업계 현황 보고서
저자 김상목 · 박기혁 / 120,000

078 일본 이화학연구소 – 리켄(RIKEN)심층연구
저자 비피기술거래 / 60,000

079 정전기 방전 기술과 시장동향 보고서
저자 비피기술거래 / 60,000

080 만화 – 박사장의 집단토론면접가이드
저자 김상목 · 비피기술거래 / 30,000

081-1 [개정판] 반도체 멤스프로브카드의 최신 기술 및 시장 동향보고서
저자 비피기술거래 / 60,000

082 융합기술이 답이다 – 일본과 우리나라의 기술융합정책
저자 비피기술거래 / 60,000

083 대학교수 고위공무원의 1년연수(안식년, sabbatical) 잘 다녀오는 법
저자 박기혁 · 이인성 / 30,000

084 유아용품 시장동향 보고서 – 중국 유아용품시장을 중심으로
저자 비피기술거래 / 120,000

085 누구나 이모티콘을 제작할 수 있다 – 이모티콘의 현재와 미래시장 현황과 제작 및 등록방법
저자 비피기술거래 / 60,000

086 절삭공구에 대한 유저들의 니즈 파악 및 세라믹 응용 가능 분야 연구보고서
저자 비피기술거래 / 30,000

087 만화 – 박사장의 사업툰
저자 박기혁 · 비피기술거래 / 30,000

088 로드리고 두테르테의 명과 암 그리고 도널드트럼프
저자 비피기술거래 / 60,000

089 쾌남 이재명, 그는 누구인가? (20191121 절판)
저자 김상목 / 30,000

090-2 [개정판] 블록체인 산업 지도를 바꾼다
저자 비피기술거래 / 60,000

091 스퍼터(Sputter) 및 스퍼터링(Sputtering) 관련 산업 및 기업 시장 조사 보고서
저자 비피기술거래 / 60,000

092 자율주행자동차 시대를 위한 법적인 과제와 준비
저자 권영실 / 60,000

093-2 [개정판] 자율주행자동차 인공지능 보고서
저자 비피기술거래 / 60,000

094 삼일만에책한권쓰기프로젝트
저자 박기혁 / 30,000

095 헬시 클린턴,무대에서다 – 反트럼프의 비상구
저자 비피기술거래 / 30,000

~~096 문재인 정부의 과학기술정책~~
~~저자 비피기술거래 / 60,000~~

097 일상 생활에서 사용하는 전기차 이야기 – 전기차의 매력
저자 안규찬 · 이봉길 / 60,000

098 만화 – 평범한 회사나 개인도 절대로 망하지 않게 하는 특급 B급 전략
저자 비피기술거래 / 30,000

099 만화로 읽는 학교에서 배우지 않는 것들 – 어른이 되기 위한 인생필수 교과서
저자 김상목 · 비피기술거래 / 30,000

100 문재인 정부의 부동산 정책 분석
저자 박기혁 · 변한수 · 비피기술거래 / 60,000

101 알고 싶은 철도산업 이야기
저자 비피기술거래 / 60,000

102 사이버 섹스 산업
저자 비피기술거래 / 30,000

103 동호인 테니스를 끝내 이기기 위한 살인병기: 결정발리, 서브, 스매싱
저자 박기혁 / 25,000

104 동호인 테니스, 심리학과 심리전으로 무장하면 백전백승
저자 박기혁 / 25,000

105 4차산업과 마이스(MICE) 컨벤션 산업의 발전
저자 박기혁 · 송승룡 · 비피국제회의기획 / 30,000

106 건강한 피를 만들기 위한 섭취법
저자 비피기술거래 / 30,000

107 만화로 읽는 3일만에 책한권쓰기 프로젝트
저자 박기혁, 그림 비피기술거래 / 30,000

108 미생 몸매 소유자가 들려주는 완생 다이어트
저자 박기혁 / 30,000

109 메모의 마법 - 책이 술술술 써지는 메모 습관
저자 박기혁 / 30,000

110 노벨 두드림: 이 책 읽고 노벨상 받자 〈노벨평화상〉
편집 비피기술거래 / 30,000

111 노벨 두드림: 이 책 읽고 노벨상 받자 〈노벨문학상〉
편집 비피기술거래 / 30,000

112 노벨 두드림: 이 책 읽고 노벨상 받자 〈노벨물리학상 1〉
편집 비피기술거래 / 30,000

113 노벨 두드림: 이 책 읽고 노벨상 받자 〈노벨물리학상 2〉
편집 비피기술거래 / 30,000

114 노벨 두드림: 이 책 읽고 노벨상 받자 〈노벨화학상 1〉
편집 비피기술거래 / 30,000

115 노벨 두드림: 이 책 읽고 노벨상 받자 〈노벨생리의학상 1〉
편집 비피기술거래 / 30,000

116 노벨 두드림: 이 책 읽고 노벨상 받자 〈노벨화학상 2〉
편집 비피기술거래 / 30,000

117 노벨 두드림: 이 책 읽고 노벨상 받자 〈노벨생리의학상 2〉
편집 비피기술거래 / 30,000

118 노벨 두드림: 이 책 읽고 노벨상 받자 〈노벨경제학상 2〉
편집 비피기술거래 / 30,000

119 후미진 곳의 매출부진 카페에 손님이 들게 하는 마법-카피스 카페 설립하기
저자 박기혁 · 송승룡 · 비피기술거래 / 30,000

120 현직 카페 주인 100명이 말하는 카페 커피숍 무조건 망하니까 절대 하지마라
저자 박기혁 · 송승룡 · 비피기술거래 / 30,000

121 현직 카페 사장 100인이 말하는 성공하는 서점겸 카페 차리기
저자 박기혁 · 송승룡 · 비피기술거래 / 30,000

122 현직 카페 사장 100인이 말하는 커피숍 바리스타
저자 박기혁 · 송승룡 · 비피기술거래 / 30,000

123-2 [개정판] 미래산업시리즈 - 3D 스캐닝 산업
저자 비피기술거래 / 60,000

124 124.성공하는 카페는 이렇게 일한다
저자 비피기술거래 / 30,000

125-2 [개정판] 드론 그것이 궁금하다
저자 비피기술거래 / 60,000

126 냉면으로 대박나는 요식업 창업전략 (20180430 절판)
저자 비피기술거래 / 60,000

127 위조 방지 기술
저자 비피기술거래 / 60,000

128-2 [개정판] 뉴로모픽 그것이 궁금하다
저자 비피기술거래 / 60,000

129-1 [개정판] 4차 산업혁명의 기회 - 누구나 뉴칼라가 될 수 있다
저자 비피기술거래 / 60,000

130 산전수전 다겪은 선배가 알려주는 캠퍼스 라이프 꿀팁
저자 비피기술거래 / 30,000

131 하루만에 끝내는 전자회로 개론
저자 비피기술거래 / 30,000

132 휴대폰 호갱 탈출기 (20180330 절판)
저자 비피기술거래 / 30,000

133 소비자를 사로잡는 특별한 10퍼센트: 스페셜티 카페의 모든것
저자 비피기술거래 / 30,000

134 원소의 탄생일지1: 주기율표song
저자 비피기술거래 / 60,000

135 4차 산업혁명 파생산업 시리즈: PID 센서
저자 비피기술거래 / 60,000

136 에코-프렌들리 비즈니스의 첫걸음: 난 돈 벌면서 커피 찌꺼기 버린다
저자 비피기술거래 / 30,000

137 4차 산업혁명 파생산업 시리즈: 에너지 절약형 유리
저자 비피기술거래 / 60,000

138 21세기 팥빙수 백서 (20180531 절판)
저자 비피기술거래 / 30,000

139 온 국민이 즐기는 응원제
저자 비피기술거래 / 30,000

140 전 세계에 파란을 예고한 물 부족_인쇄용
저자 비피기술거래 / 30,000

141-1 [개정판] 똑똑한 AI를 만드는 작은 차이, 머신러닝과 딥러닝
저자 비피기술거래 / 60,000

142 4차 산업혁명 파생산업 시리즈: 저온 동시 소성 세라믹스
저자 비피기술거래 / 60,000

143 원소의탄생일지2: 전이금속
저자 비피기술거래 / 30,000

144 원소의탄생일지3: 세계자원확보전쟁의 주인공 희토류
저자 비피기술거래 / 30,000

~~145 천원이면 누구나 할 수 있는 복권 재테크 - 로또복권~~
~~저자 비피기술거래 / 30,000~~

146 폭락장 속의 생존기술: 가상화폐의 기초 이해하기
저자 비피기술거래 / 30,000

147 한권으로 끝내는 텐서플로, AI 머신러닝 개발하기
저자 비피기술거래 / 30,000

148 4차 산업혁명 파생산업 시리즈: 주문형 반도체 산업
저자 비피기술거래 / 60,000

~~149 Why(Y)세대 트렌드; 털(毛)털(毛)한 남자_최종~~
~~저자 비피기술거래 / 30,000~~

150 1퍼센트를 위한 한국과 중국의 도자기 산업백서
저자 비피기술거래 / 30,000

151-1 [개정판] 4차 산업혁명 파생 기술 시리즈; 스마트 그리드와 사물인터넷, 빅데이터의 이해
저자 비피기술거래 / 60,000

152 나는 비트코인 말고 미생물에 투자하기로 결심했다; 떠오르는 에코 프랜들리 비즈니스
저자 비피기술거래 / 60,000

153 주(住)목하라,삶의 공간에 관한 디자인과 인테리어
저자 비피기술거래 / 30,000

154-1 [개정판] 4차 산업혁명 파생 산업 시리즈: ICT 서비스 산업
저자 비피기술거래 / 60,000

155 알기 쉬운 암호 기술 변천사; 고전기술에서 비트 코인까지
저자 비피기술거래 / 60,000

~~156 청춘의 연애심리학: 올해는 반드시 연애 많이 하는 남자가 되자~~
~~저자 비피기술거래 / 30,000~~

157 한권으로 끝내는 전기공학 개론
저자 비피기술거래 / 60,000

158 4차 산업혁명 파생 기술 시리즈; 반도체 공정 중 다공성 회전 바이스 산업 분석
저자 비피기술거래 / 60,000

159 한권으로 끝내는 블록체인 원천 기술: 현대의 암호학
저자 비피기술거래 / 60,000

160 4차산업혁명 파생기술 시리즈: 수소에너지 제조 기술
저자 비피기술거래 / 60,000

161 당신도 할 수 있다 청춘 재테크; 자취방부터 주택 청약까지
저자 서울대OB주식연구회 / 30,000

~~162 캠핑 마스터, 오감으로 즐기는 365일 캠핑~~
~~편집 비피엔터컨텐츠연구소 / 30,000~~

163 4차산업혁명 파생기술 시리즈: 에너지 저장 기술 (ESS) (20190425 절판)
저자 비피기술거래 / 60,000

164 제4차 산업혁명의 꽃 전장사업: 왜 삼성은 전장사업에 목숨을 걸까
저자 비피기술거래 / 60,000

165 PD, 작가들이 즐겨보는 방송소재집; 요식업 창업 전략 '냉면' 편
편집 비피엔터컨텐츠연구소 / 30,000

166 청춘 산업 보고서; PD, 드라마 작가, 소설가들이 꼭 봐야할 참신한 이야기
편집 비피엔터컨텐츠연구소 / 30,000

167-1 [개정판] 4차 산업혁명 벨류체인 및 ICT 산업 전략 분석
저자 비피기술거래 / 60,000

168 잘 나가는 BJ 들의 비밀 코드; 1인 미디어 플랫폼 시장 산업 분석
편집 비피엔터컨텐츠연구소 / 30,000

169 동호인 테니스, 고수가 되는 법은 손목에 있다
저자 박기혁 / 25,000

170 인터넷쇼핑 싸게 잘하는 핵꿀팁
편집 비피엔터컨텐츠연구소 · 조아영 / 30,000

171 떠오르는 태양 E-SPORTS
편집 비피엔터컨텐츠연구소 / 30,000

172 인공지능 시대에 대비한 지방대생 성공전략
저자 김송호 / 30,000

173-1 [개정판] 주식투자자들이 꼭 알아야 할 인공지능 트렌드와 주요기업 현황
저자 비피기술거래 · 한상훈 / 60,000

174-1 [개정판] 인슈어테크 산업전망 및 발전전략 보고서
저자 비피기술거래 / 60,000

175-1 가상현실, 증강현실 산업 분석
저자 비피기술거래 / 60,000
보고서

176 연수 첫 날 나눠주는 다른 회사 메뉴얼 훔쳐보기
저자 박기혁 · 비피기술거래 / 30,000

177 세계 환경과 관련한 사건, 사고 분석 보고서
저자 비피기술거래 / 30,000

178 4차 산업혁명을 현명하게 헤쳐나갈 유아교사를 위한 안내서
저자 비피교육연구소 / 30,000

179-1 [개정판] 4차 산업혁명 시대의 바이오 산업 분석 보고서
저자 비피기술거래 / 60,000

180 잘 팔리는 책을 빨리 쓰는 방법; 커피타임즈 글쓰기 책내기 센터 전략서
저자 비피기술거래 / 30,000

181 미생 몸매 소유자가 들려주는 완생 다이어트 (한국어,베트남어)
저자 비피기술거래 / 30,000

182-1 [개정판] 정부도 인정한 4차 산업의 핵심, GAME 산업의 1 to 100
저자 비피기술거래 / 60,000

183 경력단절 여성들이여 친정오빠 말대로 글쓰고 책내서 돈도 벌렴
저자 비피기술거래 / 25,000

184 4차 산업혁명 시대의 로봇 백서; 로봇 기술의 모든 것
저자 비피기술거래 / 30,000

185 디스플레이 전쟁
저자 비피기술거래 / 60,000

186 베트남에서 사업하고 싶은 사람을 위한 베트남 정보 개론
저자 비피기술거래 / 30,000

187 현직카페 사장 100인이 말하는 카페손님으로서의 공부족 연구
저자 비피기술거래 / 30,000

188 O2O 전쟁터 4차 산업혁명 시대의 숙박산업 보고서
저자 비피기술거래 / 60,000

189 리스닝 완벽하게 하기; 말하는 사람의 단어 하나하나를 충실히 듣기와 새기기
저자 비피기술거래 / 30,000

190-1 [개정판] 인공지능 기술과 콘텐츠 전쟁의 현주소; 최신 기술 및 유망산업 백서
저자 비피기술거래 / 60,000

191 정부도 인정한 4차 산업의 핵심, GAME 산업의 1 to 100 (한국어베트남어)
저자 비피기술거래 / 60,000

192 마음의 힐링, 인생 사업의 혁신을 위해 알래스카를 다녀와야 할 45가지 이유
저자 비피기술거래 / 30,000

193-1 [개정판] 백세시대를 준비하는 헬스케어 산업의 동향과 전망
저자 비피기술거래 / 60,000

194 마이크로웨이브 건조기술 백서
저자 비피기술거래 / 60,000

195 인도에서 사업하고 싶은 사람을 위한 인도 정보 개론
저자 비피기술거래 · 박기혁 공저 / 30,000

196 현장의 유아교사를 위한 유아 교육프로그램
저자 비피교육연구소 / 30,000

197 화장품 사업 개론
저자 비피기술거래 / 30,000

198-1 [개정판] 4차 산업혁명의 핵심; 에너지 신기술 보고서
저자 비피기술거래 · 한상훈 / 60,000

199 4차 산업과 마이스(MICE) 컨벤션 산업의 발전 (한국어,베트남어)
저자 비피기술거래 / 30,000

200 혼자 영화 보기의 46가지 장점과 소확행 이야기
저자 비피기술거래 / 30,000

201-1 [개정판] 이너뷰티와 4차 산업혁명의 만남; 건강기능식품 산업 보고서
저자 비피기술거래 / 60,000

202 MIT 10대 유망 기술과 유관 산업 분석
저자 비피기술거래 / 30,000

203 통호인 테니스, 배드민턴처럼 치면 금방 고수가 된다
저자 박기혁 / 25,000

204 PD, 작가들이 즐겨보는 방송소재집;청춘이 열광하는 음악에 대한 이야기
저자 비피엔터컨텐츠연구소 / 30,000

205 카페 커피숍 무조건 망하니까 절대 하지마라 (베트남어)
저자 비피베트남어연구회 / 30,000

206 모으고, 절약하고, 불리는 재테크의 모든 것
저자 서울공대OB주식연구회 / 30,000

207 누구나 쉽게 무료로 저자가 될 수 있다
저자 비피생활문화연구소 / 30,000

208 작지만 강한 카페로 살아남는 법; 책 저자를 무료로 만들어 주는 카페
저자 비피생활문화연구소 / 30,000

209-1 [개정판] 4차 산업시대의 스마트 가전
저자 비피기술거래 / 60,000

210 베트남인 생활 관찰 정보를 통한 유망 사업 수요 분야 정리
저자 비피기술거래 / 30,000

211 좋은 수업을 꿈꾸는 유아교사를 위한 발문 안내서
저자 비피교육연구소 / 30,000

212 중미 무역 전쟁; 뉴패러다임의 도래와 우리의 과제
저자 비피기술거래 / 30,000

213-1 [개정판] 5G 시대의 도래와 정보 보안
저자 비피기술거래 / 60,000

214-1 [개정판] 4차 산업혁명 시대의 교육 산업의 변화
저자 비피교육연구소 / 30,000

215-1 [개정판] 4차 산업혁명과 힐링산업 코드
저자 비피기술거래 / 30,000

216-1 [개정판] 4차 산업혁명 시대의 무인산업 안내서
저자 비피기술거래 / 60,000

217 작은 카페 차려서 망하지 않으려면 카페와 출판사를 같이 차려라
저자 비피기술거래 / 30,000

218 잘 팔리는 책을 빨리 쓰는 방법; 커피타임즈 글쓰기 책내기 센터_베트남어
저자 비피베트남어연구회 / 30,000

219 4차 산업혁명과 공유 경제; 공유 플랫폼 전략
저자 비피기술거래 / 30,000

220 작은 카페 창업은 셀프 카페, 스터디 카페, 무인 카페로 손해를 줄여라
저자 비피생활문화연구소 / 30,000

221 독후감으로 읽는 대학생이라면 꼭 읽어야 할 필독도서
저자 비피교육연구소 / 30,000

222 비평문으로 읽는 대학생이라면 꼭 읽어야 할 필독도서
저자 비피교육연구소 / 30,000

223 산업 트렌드로 꿰뚫는 창업전략; 코인노래방
저자 비피생활문화연구소 / 30,000

224 한반도 폭염을 정책과 사업, 소확행 관점에서 심상치 않게 볼 57가지 이유
저자 비피기술거래 / 30,000

225 4차 산업혁명시대의 자율주행 자동차 산업백서
저자 비피기술거래 / 60,000

226 3일 만에 책 한 권 쓰기 프로젝트 (베트남어)
저자 비피베트남어연구회 / 30,000

227 미술활동을 좋아하는 유아교사를 위한 아동미술심리 입문하기
저자 비피교육연구소 / 30,000

228 새벽 지하철이 부와 건강을 가져다주는 26가지 이유; 소확행과 글쓰기
저자 비피생활문화연구소 / 30,000

229 창업 대비 필수 마케팅 전략 보고서
저자 비피기술거래 / 30,000

230 PD, 작가들이 즐겨보는 방송소재집; 글쓰기로 우울증 극복하는 방법
저자 비피기술거래 / 30,000

231 하루만에 끝내는 전자회로 개론
저자 비피생활문화연구소 / 30,000

232 누구나 쉽게 무료로 저자가 될 수 있다 (베트남어)
저자 비피베트남어연구회 / 30,000

233 PD, 작가들이 즐겨보는 스토리 소재집; 치과의사와 치과병원편
저자 비피생활문화연구소 / 30,000

234 잘 나가는 유튜브와 책 만들기; 13가지 이유라는 식으로 제목을 잡아라
저자 비피생활문화연구소 / 30,000

235 LG화학주식 매수 전 알아야 할 용어와 이슈 54가지
저자 서울공대OB주식연구회 / 30,000

236 작지만 강한 카페로 살아남는 법; 책 저자를 무료로 만들어 주는 카페(베트남어)
저자 비피베트남어연구회 / 30,000

237 박항서 감독이 몰고 온 베트남 바람
저자 비피기술거래 / 30,000

238 삼성전자 주식 매수 전 알아야 할 용어와 이슈 30가지
저자 서울공대OB주식연구회 / 30,000

239 회사의 자금을 원활히 조달하는 방법; 작은 회사 대표도 할 수 있는 미니 M&A
저자 비피기술거래 / 30,000

240 해외에서 글을 쓰면 빨리 좋은 글이 써지는 59가지 이유; 소확행적 해외 글쓰기 꿀팁
저자 비피생활문화연구소 / 30,000

241 미국 방열기판 시장 동향 조사 분석
저자 비피기술거래 / 60,000

242 장사가 부진한 카페는 상담 카페로 전환해서 적자를 면하라
저자 비피생활문화연구소 / 30,000

243 해외에서 유튜브 아이디어를 구상하면 좋은 63가지 이유; 유튜브 시장 성공전략 1
저자 비피생활문화연구소 / 30,000

244 잘 나가는 웹툰 만들기; 13가지 이유라는 식으로 제목을 잡아라
저자 비피생활문화연구소 / 30,000

245 예술의 17가지 속성을 이해해야 1인 미디어로 돈 번다; 유튜브 시장 성공전략 2
저자 비피생활문화연구소 / 30,000

246 셀트리온 3형제 주식 매수 전 알아야 할 이슈와 용어 34가지
저자 서울공대OB주식연구회 / 30,000

247 중국 방문 없이 중국을 빠르게 이해하는 법; 유튜브 시장 성공전략 3
저자 비피생활문화연구소 / 30,000

248 원격의료 그 논란의 속살을 파헤친다
저자 비피기술거래 / 60,000

249 4개 국어에 능통하면 유튜버와 소확행에 좋은 10가지 이유; 유튜브 시장 성공전략 4
저자 비피생활문화연구소 / 30,000

250 닌텐도 주식 투자 전 알아야 할 닌텐도의 모든 것
저자 서울공대OB주식연구회 / 30,000

251 외국어 들리는 대로 한글로 적어라; 4개 국어 하는 취준생 양성 프로젝트 1
저자 비피생활문화연구소 / 30,000

252 4개 국어 하는 고경력 은퇴자 양성 프로젝트 1; 외국어 들리는 대로 한글로 적어라
저자 비피생활문화연구소 / 30,000

253 전문가가 말하는 화장품업 진입 및 미래 생존전략; 사업자를 위한 화장품 정보 각론
저자 비피뷰티바이오사업부 / 30,000

254 미국이 중국 푸젠반도체를 제재함의 경제 정책적 의미; 주식 시장 영향 분석집 1
저자 서울공대OB주식연구회 / 30,000

255 SK텔레콤 주식 매수 전 알아야 할 용어와 이슈 41가지; 주식 시장 영향 분석집 2
저자 서울공대OB주식연구회 / 30,000

256 동진쎄미켐 주식 매수 전 알아야 할 용어와 이슈 55가지; 주식 시장 영향 분석집 3
저자 서울공대OB주식연구회 / 30,000

257 중국 푸젠반도체를 트럼프가 제재함의 산업 정책적 의미; 정책가와 테크노파크 연구원 필독서 1
저자 비피기술거래 / 30,000

258 외국어 들리는 대로 한글로 적어라; 4개 국어 하는 기업 간부 양성 프로젝트 1
저자 비피생활문화연구소 / 30,000

259 중국제조 2025; 미중 무역 전쟁의 배경과 전망
저자 비피기술거래 / 30,000

260 아디다스, 나이키 주식 매수 전 알아야 할 키워드 48가지; 주식 시장 영향 분석집 4
저자 서울공대OB주식연구회 / 30,000

261 공부의 신들이 말하는 변호사 시험 무조건 합격하는 법 1; 주관식 시험 눈으로만 보면 망한다
저자 비피생활문화연구소 / 30,000

262 신라젠 주식 매수 전 알아야 할 용어와 이슈 30가지; 주식 시장 영향 분석집 5
저자 서울공대OB주식연구회 / 30,000

263 키워드를 선점해야 돈 번다; 유튜브 시장 성공전략 5
저자 비피생활문화연구소 / 30,000

264 해외에서 글을 쓰면 빨리 좋은 글이 써지는 59가지 이유 (베트남어)
저자 비피베트남어연구회 / 30,000

265 삼성바이오로직스 주식 매수 전 알아야 할 용어와 이슈 54가지; 주식 시장 영향 분석집 6
저자 서울공대OB주식연구회 / 30,000

266 푸젠반도체를 둘러싼 미중 무역전쟁과 반도체 상식 늘리기; 취업 면접 대비집
저자 비피기술거래 / 30,000

267 탄수화물 섭취 체계적으로 줄이기; 건강하게 다이어트 하는 법 1
저자 비피생활문화연구소 / 30,000

268 주관식 시험 눈으로만 보면 망한다; 공부의 신들이 말하는 행정고시 무조건 합격하는 법 1
편집 비피엔터컨텐츠연구소 / 30,000

269 네이버 주식 매수 전 알아야 할 키워드 39가지; 주식 시장 영향 분석집 7
저자 서울공대OB주식연구회 / 30,000

270 책 읽어주는 유튜브; 유튜브 시장 성공전략 6
저자 비피생활문화연구소 / 30,000

271 게임 관련 기업 주식 매수 전 알아야 할 용어와 이슈 31가지; 주식 시장 영향 분석집 8
저자 서울공대OB주식연구회 / 30,000

272 한미약품 주식 매수 전 알아야 할 용어와 이슈 56가지; 주식 시장 영향 분석집 9
저자 서울공대OB주식연구회 / 30,000

273 미디어 플랫폼 기업 주식 매수 전 알아야 할 용어와 이슈 30가지; 주식 시장 영향 분석집 10
저자 서울공대OB주식연구회 / 30,000

274 투잡 유튜버가 돼야 오래 간다; 유튜브 시장 성공전략 7
저자 비피생활문화연구소 / 30,000

275 외국어 문법 상관없이 듣고 적어라; 4개 국어 하는 유튜버 양성 프로젝트 1
저자 비피생활문화연구소 / 30,000

276 4차 산업혁명 시대를 뒷받침하는 핵심 소재 이야기
저자 비피기술거래 / 60,000

277 외국어 2음절씩 리듬 타고 들어라; 4개 국어 하는 유튜버 양성 프로젝트 2
저자 비피생활문화연구소 / 30,000

278 대웅제약 주식 매수 전 알아야 할 용어와 이슈 58가지; 주식 시장 영향 분석집 11
저자 서울공대OB주식연구회 / 30,000

279 장기적 불황을 타개하고 산업을 선도할 수출 효자 종목 및 국내 유망 신산업 11가지
저자 비피기술거래 / 30,000

280 역량의 10프로만 유튜브에 투자하라; 출판사에서 유튜브 회사로의 전환 전략 1
저자 비피생활문화연구소 / 30,000

281 베스트 요약으로 제목과 타겟을 정하라; 출판사에서 유튜브 회사로의 전환 전략 2
저자 비피생활문화연구소 / 30,000

282 GC녹십자 주식 매수 전 알아야 할 용어와 이슈 62가지; 주식 시장 영향 분석집 12
저자 서울공대OB주식연구회 / 30,000

283 카카오뱅크 모임통장이 대박 난 이유; 주식 시장 영향 분석집 13
저자 서울공대OB주식연구회 / 30,000

284 한국전력 주식 매수 전 알아야 할 용어와 이슈; 주식 시장 영향 분석집 14
저자 서울공대OB주식연구회 / 30,000

285 화학회사들이 올인하는 TIM과 엘라스토머 등 전기차 방열문제 트렌드; 주식 시장 영향 분석집 15
저자 서울공대OB주식연구회 / 30,000

286 일동제약 주식 매수 전 알아야 할 용어와 이슈 49가지; 주식 시장 영향 분석집 16
저자 서울공대OB주식연구회 / 30,000

287 유한양행 주식 매수 전 알아야 할 용어와 이슈 48가지; 주식 시장 영향 분석집 17
저자 서울공대OB주식연구회 / 30,000

288 전자책 이북과 유튜브를 같이 하라; 출판사에서 유튜브 회사로의 전환 전략 3
저자 비피생활문화연구소 / 30,000

289 종근당 주식 매수 전 알아야 할 용어와 이슈 52가지; 주식 시장 영향 분석집 18
저자 서울공대OB주식연구회 / 30,000

290 한 권으로 살펴보는 에너지저장시스템 (ESS)
저자 비피기술거래 / 60,000

291 의미 부여로 단어를 외우고 눈으로 받아쓰라_ 4개 국어 하는 유튜버 양성 프로젝트 3
저자 비피생활문화연구소 / 30,000

292 현대자동차 주식 매수 전 알아야 할 용어와 이슈_ 주식 시장 영향 분석집 19
저자 서울공대OB주식연구회 / 30,000

293 에너지저장시스템(ESS)과 관련한 최신 이슈 26가지
저자 비피기술거래 / 60,000

294 사회복지직공무원 시험 마약 암기법
저자 비피공무원시험연구소 / 30,000

295 JW중외제약의 핫 키워드와 이슈 모르면 주식 대박 힘들다
저자 서울공대OB주식연구회 / 30,000

296 9급 일반행정직 시험 모르면 나만 떨어지는 마약 암기법
저자 비피공무원시험연구소 / 30,000

297 9급 일반행정직 마약 암기에 따른 문제풀이법
저자 비피공무원시험연구소 / 30,000

298 반도체주의 핫 키워드와 이슈 모르면 주식 대박 힘들다_ SK하이닉스 편
저자 서울공대OB주식연구회 / 30,000

299 자율주행 자동차주의 핫 키워드와 이슈 모르면 주식 대박 힘들다_ 현대모비스 편
저자 서울공대OB주식연구회 / 30,000

300 7급 일반행정직 공무원시험 모르면 나만 떨어지는 마약 암기법
저자 비피공무원시험연구소 / 30,000

351 日 반도체소재 수출규제에 따른 최대수혜주와 이슈 모르면 주식 대박 힘들다
저자 서울공대OB주식연구회 / 19,500

352 최단시간에 전산회계 1급 이론과 개념 정복하기
저자 최단시간전산회계연구회 / 19,500

353 5G시대 게임 산업 핫 키워드와 이슈 모르면 주식 대박 힘들다
저자 서울공대OB주식연구회 / 19,500

354 핀테크 관련 기업 취업을 위해 꼭 알아야 할 용어와 이슈
저자 비피기술거래 / 19,500

355 사회초년생을 위한 자산관리 필독서
저자 비피기술거래 / 19,500

356 엔젤산업 관련 기업 취업을 위해 꼭 알아야 할 용어와 이슈
저자 비피기술거래 / 19,500

357 스마트시티 관련 기업 취업을 위해 꼭 알아야 할 용어와 이슈
저자 비피기술거래 / 19,500

358 블록체인 플랫폼 기업 취업을 위해 꼭 알아야 할 용어와 이슈
저자 비피기술거래 / 19,500

359 IOT 관련 기업 취업을 위해 꼭 알아야 할 용어와 이슈
저자 비피기술거래 / 19,500

360 교육서비스 관련 기업 취업을 위해 꼭 알아야 할 용어와 이슈
저자 비피기술거래 / 19,500

361 4차 산업혁명 핵심분야 취업을 위해 꼭 알아야 할 용어와 이슈
저자 비피기술거래 / 19,500

362 4차 산업혁명 바이오, 에너지 분야 취업을 위해 꼭 알아야 할 용어와 이슈
저자 비피기술거래 / 19,500

363 스마트팩토리 관련 기업 취업을 위해 꼭 알아야 할 용어와 이슈
저자 비피기술거래 / 19,500

364 미디어, 콘텐츠 관련 기업 취업을 위해 꼭 알아야 할 용어와 이슈
저자 비피기술거래 / 19,500

365 경영지도사 2차 나만의 주관식 문제집을 만들어야 반드시 합격한다
저자 최단시간경영지도사연구회 / 19,500

366 제약 바이오 산업 최대수혜주 5개 기업과 이슈 모르면 주식 대박 힘들다
저자 서울공대OB주식연구회 / 19,500

367 아프리카 돼지열병 관련 7개 기업과 이슈 모르면 주식 대박 힘들다_
저자 서울공대OB주식연구회 / 19,500

368 日반도체소재 수출규제로 떠오르는 기업 취업을 위해 꼭 알아야 할 용어와 이슈
저자 비피기술거래 / 19,500

369 게임 산업 관련 기업 취업을 위해 꼭 알아야 할 용어와 이슈
저자 비피기술거래 / 19,500

370 공인중개사 남들보다 하루라도 먼저 붙는 방법
저자 최단시간공인중개사연구회 / 19,500

371 네이버 취업을 위해 꼭 알아야 할 용어와 이슈
저자 비피기술거래 / 19,500

372 폴더블 스마트폰 시대 최대수혜주 5개 기업과 이슈 모르면 주식 대박 힘들다
저자 서울공대OB주식연구회 / 19,500

373 사회조사분석사 2급 필답형 핵심키워드 간단하게 외워 합격하기
저자 최단시간사조사연구회 / 19,500

374 제약 바이오 산업 관련 기업 취업을 위해 꼭 알아야 할 용어와 이슈
저자 비피기술거래 / 19,500

375 고령사회 실버산업 핫키워드와 이슈 모르면 주식 대박 힘들다
저자 서울공대OB주식연구회 / 19,500

376 개업공인중개사의 네트워크 활동을 통한 경영성과 향상방안
저자 이강복 / 23,000

377 한미약품 취업을 위해 꼭 알아야 할 용어와 이슈
저자 비피기술거래 / 19,500

378 영어 긴 문장도 듣고 말할 수 있는 직효 방법_ 유학준비생을 위한 책
저자 최단시간영어연구회 / 19,500

379 일동제약 취업을 위해 꼭 알아야 할 용어와 이슈
저자 비피기술거래 / 19,500

380 오픈뱅킹과 금융플랫폼 최대수혜주 기업과 이슈 모르면 주식 대박 힘들다
저자 서울공대OB주식연구회 / 19,500

381 행정고시 스트레스나 우울증 없이 쉽게 합격하는 법
저자 최단시간행정고시연구회 / 19,500

382 JW중외제약 취업을 위해 꼭 알아야 할 용어와 이슈
저자 비피기술거래 / 19,500

383 아프리카 돼지열병 관련 기업 취업을 위해 꼭 알아야 할 용어와 이슈
저자 비피기술거래 / 19,500

384 일본어 직청직해로 어휘의 범위를 넓혀라_ 일본 유학준비생을 위한 조언
저자 최단시간일본어연구회 / 19,500

385 투자선호국 1위 베트남 진출 최대수혜주 기업과 이슈 모르면 주식 대박 힘들다
저자 서울공대OB주식연구회 / 19,500

386 폴더블 스마트폰 관련 기업 취업을 위해 꼭 알아야 할 용어와 이슈
저자 비피기술거래 / 19,500

387 이차전지 최대수혜주 5개 기업과 이슈 모르면 주식 대박 힘들다
저자 서울공대OB주식연구회 / 19,500

388 OLED 디스플레이 최대수혜주 7개 기업과 이슈 모르면 주식 대박 힘들다
저자 서울공대OB주식연구회 / 19,500

389 고령사회 실버산업 관련 기업 취업을 위해 꼭 알아야 할 용어와 이슈
저자 비피기술거래 / 19,500

390 자동화시대 정보보안산업 최대수혜주 6개 기업과 이슈 모르면 주식 대박 힘들다
저자 서울공대OB주식연구회 / 19,500

391 신참법조인(변호사, 법무사, 행정사)이 개업 전 전문서적 읽고 정보 습득하는 법
저자 법조연구회 / 19,500

392 급변하는 새로운 금융플랫폼 관련 기업 취업을 위해 알아야 할 용어와 이슈
저자 비피기술거래 / 19,500

393 인플루언서 마케팅 관련 핫 키워드와 이슈 모르면 주식 대박 힘들다
저자 서울공대OB주식연구회 / 19,500

394 비법예문 500가지로 수능 일본어 단어 2달 안에 다 외우기
저자 최단시간일본어연구회 / 19,500

395 2020년 대세 멀티카메라 최대수혜주 5개 기업과 이슈 모르면 주식 대박 힘들다
저자 서울공대OB주식연구회 / 19,500

396 행정사 시험의 시작부터 합격 후의 모든 것 Q_A 가이드
저자 법조연구회 / 19,500

397 신참법조인(변호사, 법무사, 행정사)을 위한 바이오 분야 이슈 및 용어 필독서
저자 법조연구회 / 19,500

398 법조인(변호사, 법무사, 행정사)이 강의 할 때 실수하는 32가지 사례 분석
저자 법조연구회 / 19,500

399 법조인(변호사, 법무사, 행정사)의 영업 전략
저자 법조연구회 / 19,500

400 미세먼지 재난 최대수혜주 6개 기업과 이슈 모르면 주식 대박 힘들다
저자 서울공대OB주식연구회 / 19,500

451 관세사의 영업 전략_ 인증대행 세미나와 네트워크
저자 한국기술인증협회 / 19,500

452 행정사, 경영, 기술지도사 실무를 위한 웹 접근성 품질인증 취득 가이드
저자 한국기술인증협회 / 25,000

453 행정사, 경영, 기술지도사 실무를 위한 소프트웨어(프로세스)품질인증 취득 가이드
저자 한국기술인증협회 / 25,000

454 동호인 테니스 허리, 무릎 다치지 않고 오래 치게 관리하는 법
저자 박기혁 / 19,500

455 경영, 기술지도사, 행정사 실무를 위한 유기가공식품 인증 취득 가이드
저자 한국기술인증협회 / 25,000

456 4050 여성 다이어트 비법_ 음식 안 남기고 다 먹으려는 생각을 버려라
저자 비피생활문화연구소 / 19,500

457 경영, 기술지도사, 행정사 실무를 위한 농산물우수관리(GAP)인증 취득 가이드
저자 한국기술인증협회 / 25,000

458 상가 공실 임대주를 위한 코로나 후 변화한 사회에 대한 대응책
저자 비피기술거래 / 19,500

459 아무 주식이나 사도 오르던 20년 5월의 증시와 경제 의미 분석
저자 증권투자법조인클럽 / 19,500

460 경영, 기술지도사, 행정사 실무를 위한 어린이제품안전인증 취득 가이드
저자 한국기술인증협회 / 25,000

461 경영, 기술지도사, 행정사 실무를 위한 HACCP 인증 취득 가이드
저자 한국기술인증협회 / 25,000

462 화장품 사업자를 위한 포스트 코로나 시대에서 살아남는 법
저자 비피기술거래 / 19,500

463 경영, 기술지도사, 행정사 실무를 위한 환경성적표지(EPD)인증 취득 가이드
저자 한국기술인증협회 / 25,000

464 포스트 코로나 시대에 유튜버와 컨텐츠 사업자가 나아갈 길은 어디인가
저자 비피기술거래 / 19,500

465 경영, 기술지도사, 행정사 실무를 위한 LOHAS 인증 취득 가이드
저자 한국기술인증협회 / 25,000

466 포스트 코로나 시대 반도체 관련 기업 취업을 위한 용어와 이슈
저자 비피기술거래 / 19,500

467 경영지도사, 행정사 실무를 위한 녹색기업 지정제도 가이드
저자 한국기술인증협회 / 25,000

468 코로나19 이후 정유업계 기업 취업을 위한 용어와 이슈
저자 비피기술거래 / 19,500

469 기술지도사, 행정사 실무를 위한 정보보호제품 평가인증 취득 가이드
저자 한국기술인증협회 / 25,000

470 이공학엔지니어를 위한 다이어트_ 자기보상을 확실히 해줘라
저자 비피생활문화연구소 / 19,500

471 회생위원이 감수한 알기 쉬운 개인회생 · 파산
저자 변호사 김민규 · 김미현 / 19,500

472 경영지도사, 행정사 실무를 위한 환경교육프로그램 지정제도 가이드
저자 한국기술인증협회 / 25,000

473 기술지도사, 행정사 실무를 위한 녹색인증 취득 가이드
저자 한국기술인증협회 / 25,000

474 경영지도사, 행정사 실무를 위한 KS인증 취득 가이드
저자 한국기술인증협회 / 25,000

475 기술지도사, 행정사 실무를 위한 녹색건축 인증 취득 가이드
저자 한국기술인증협회 / 25,000

476 경영지도사, 행정사 실무를 위한 건축물 에너지효율등급인증 취득 가이드
저자 한국기술인증협회 / 25,000

477 기술지도사, 행정사 실무를 위한 토종가축 인정제도 가이드
저자 한국기술인증협회 / 25,000

478 경영지도사, 행정사 실무를 위한 우수물류기업 인증 취득 가이드
저자 한국기술인증협회 / 25,000

479 예비탐정(민간조사자)이 개업을 준비할 때 알아야 할 필수팁 모음집
저자 탐정업연구회 / 19,500

480 기술지도사, 행정사 실무를 위한 동물복지축산농장인증 취득 가이드
저자 한국기술인증협회 / 25,000

481 소방설비기사(기계분야) 하루라도 먼저 붙게 하는 암기책
저자 소방수험연구회 / 19,500

482 경영지도사, 행정사 실무를 위한 드론인증 취득 가이드
저자 한국기술인증협회 / 25,000

483 주택관리사 시설개론 하루라도 빨리 붙게 하는 비법책
저자 주택관리사시험연구회 / 19,500

484 기술지도사, 행정사 실무를 위한 수산물품질인증 취득 가이드
저자 한국기술인증협회 / 25,000

485 경영지도사, 행정사 실무를 위한 수산물 지리적표시제도 가이드
저자 한국기술인증협회 / 25,000

486 행정공무원, 의원보좌관이 알아야 할 이슈_ 공매도 행동주의 회사들과 니콜라 주식
저자 행정정책연구회 / 19,500

487 정책 및 지방공무원이 알아야 할 수소차와 수소경제 이야기
저자 행정정책연구회 / 19,500

488 증권투자자가 알면 좋을 포스트 코로나 시대의 삶과 백신 개발의 선두주자
저자 증권투자연구회 / 19,500

489 정책 지방공무원이 알아야 할 바이든 당선과 트럼프 패배가 가지는 의미
저자 행정정책연구회 / 19,500

490 일론머스크의 명언과 삶 그리고 약간의 프랑스어
저자 비피기술거래 / 19,500

491 동호인 테니스 공격적 결정발리의 핵_ 어깨가 들어가는 발리
저자 박기혁 / 19,500

492 맞춤형 화장품 조제관리사 교과서 술술 읽히고 암기되게 하는 책
저자 자격증수험연구회 / 19,500

493 은퇴자가 강의 스트레스 없이 완벽한 강의하는 법
저자 비피기술거래 / 19,500

494 전달력이 좋은 유튜브 강의법과 2차 수익모델 기부 받는 유튜브 이야기
저자 박강사 / 19,500

495 가솔린차에서 전기차로의 대전환과 관련한 부품회사 직원 교육법
저자 기술튜터토니 / 19,500

496 특성화고 강사 교사가 모터를 재미있게 잘 강의하는 법
저자 기술튜터토니 / 19,500

497 반도체 지식이 부족한 반도체 관련 회사 일반직원을 교육시키는 법
저자 기술튜터토니 / 19,500

498 섬유공학 패션의류 교강사가 강의를 효율적으로 재미있게 하는 법
저자 기술튜터토니 / 19,500

499 회사원이나 공무원이 행정사 1차 객관식 시험 합격하는 방법
저자 행정사시험연구회 / 19,500

500 공부시간이 부족한 기술고시 수험생을 위한 필승합격법
저자 기술고시수험연구회 / 19,500

501 셀트리온 그룹 주식 매수 전 알아야 할 용어와 이슈
저자 비피기술거래 / 19,500

502 제약 바이오산업 최대수혜주 기업과 이슈 동향 분석
저자 서울공대OB주식연구회 / 19,500

503 글로벌 친환경 정책 및 산업별 동향 분석
저자 비피기술거래 / 19,500

504 삼성전자 핫 키워드와 이슈 모르면 주식 대박 힘들다
저자 서울공대OB주식연구회 / 19,500

505 수소연료전지 시스템 구성에 필요한 BOP
저자 비피기술거래 / 60,000

506 반도체 핵심 삼성전자 취업을 위해 꼭 알아야 할 용어와 이슈
저자 비피기술거래 / 19,500

507 바이오 핵심 셀트리온 그룹 취업을 위해 꼭 알아야 할 용어와 이슈
저자 비피기술거래 / 19,500

508 IT 게임업계 임직원을 위한 다이어트_ 심리학적 전략을 세워라
저자 비피생활문화연구소 / 19,500

509 감정평가사 합격 후 해야 할 일_ 전문서적 읽기와 영업론 파악
저자 감평사실무연구회 / 19,500

510 포스트 코로나 시대에 필요한 비대면 강의법
저자 비피기술거래 / 19,500

511 행정 정책 공무원이 알면 좋을 배달배송업의 현황과 미래
저자 비피기술거래 / 19,500

512 기술 행정 정책 공무원을 위한 반도체 관련 용어와 유래
저자 비피기술거래 / 19,500

513 가스기능사 필기시험 교과서 쉽고 빠르게 읽을 수 있는 법
저자 비피기술거래 / 19,500

514 의료인이 포스트 코로나 시대를 대비하여 알아야 할 사회 트렌드
저자 비피기술거래 / 19,500

515 동호인 탁구 관절 건강 지키며 즐겁게 오래 치는 법
저자 박기혁 / 19,500

516 취업난 속 인문대 졸업생에게 작사가를 추천하는 이유와 진입 가이드
저자 비피생활문화연구소 / 19,500

517 행정 정책 공무원이 알아둘 코로나로 인한 사회 변화와 코로나 백신
저자 비피기술거래 / 19,500

518 출판업 창업자를 위한 종이책과 이북 전자책에 대한 시장 분석과 가이드
저자 비피기술거래 / 19,500

519 자동차 관련 회사 임직원이 알면 좋을 미래에너지 수소와 수소차
저자 비피기술거래 / 19,500

520 상가 임대사업주의 공실 해결법_ 간판과 임시세 적극 활용하기
저자 비피기술거래 / 19,500

521 종교지도자가 숙지하면 좋을 코로나 후 우리 삶의 변화와 고찰
저자 비피기술거래 / 19,500

522 해외 주식 투자자는 이것을 알아야 한다_ 행동주의 공매도와 사례들
저자 서울공대OB주식연구회 / 19,500

523 의료인이 강의할 때 실수하는 사례 모음 및 강의 잘하는 법
저자 비피기술거래 / 19,500

524 신참법조인이 B급 전략을 안다면 개업에 성공할 수 있다
저자 법조연구회 / 19,500

525 담배소매업 개업 및 겸업 가이드와 Q_A
저자 비피기술거래 / 19,500

526 은퇴자가 증권투자를 해야 하는 이유 제시와 조언
저자 서울공대OB주식연구회 / 19,500

527 행정사 실무를 위한 전기용품 및 생활용품 안전관리법과 제도
저자 한국기술인증협회 / 25,000

528 공인중개사시험 의욕 부족한 사람 동기부여하여 합격하는 법
저자 자격증수험연구회 / 19,500

529 행정사 실무를 위한 환경측정기기 형식승인 정도검사 제도
저자 한국기술인증협회 / 25,000

530 골프 유망주가 무기력증과 우울감을 극복하여 성과 내게 도움주는 책
저자 비피교육연구소 / 19,500

531 국가과제 평가위원 활동 능숙하게 하는 법
저자 국가과제평가연구회 / 19,500